U0214470

●徐金柱　秦长生　龙永彬　田龙艳　邱华龙——主编

广东红树林
有害生物
识别与防治图鉴

GUANGDONG HONGSHULIN
YOUHAI SHENGWU
SHIBIE YU FANGZHI TUJIAN

SPM
南方传媒
广东科技出版社
全国优秀出版社

· 广 州 ·

图书在版编目（CIP）数据

广东红树林有害生物识别与防治图鉴/徐金柱等主编. —广州：广东科技出版社，2023.9

ISBN 978-7-5359-8036-6

Ⅰ. ①广… Ⅱ. ①徐… Ⅲ. ①红树林—有害动物—防治—广东—图集 ②红树林—有害植物—防治—广东—图集 Ⅳ. ①S763.3-64

中国国家版本馆 CIP 数据核字（2023）第001211号

广东红树林有害生物识别与防治图鉴
Guangdong Hongshulin Youhai Shengwu Shibie yu Fangzhi Tujian

出 版 人：严奉强
责任编辑：于　焦　区燕宜
封面设计：柳国雄
责任校对：于强强
责任印制：彭海波
出版发行：广东科技出版社
　　　　　（广州市环市东路水荫路 11 号　邮政编码：510075）
销售热线：020-337607413
https://www.gdstp.com.cn
E-mail：gdkjbw@nfcb.com.cn
经　　销：广东新华发行集团股份有限公司
印　　刷：广州市彩源印刷有限公司
　　　　　（广州市黄埔区百合三路 8 号）
规　　格：787 mm×1 092 mm　1/16　印张14　字数300千
版　　次：2023年9月第1版
　　　　　2023年9月第1次印刷
定　　价：128.00元

如发现因印装质量问题影响阅读，请与广东科技出版社印制室联系调换（电话：020-37607272）。

《广东红树林有害生物识别与防治图鉴》
编委会

主　　编：徐金柱　秦长生　龙永彬　田龙艳　邱华龙

副 主 编：杨　华　赵丹阳　刘春燕　张春花　凌斯全
　　　　　方天松

参编人员：（按姓氏笔画排列）

王　艳　方志锐　冯　莹　冯金艳　李南林

李亭潞　李琨渊　肖海燕　何　韬　邹奕华

张宇诗　张琰锋　陆建康　陈永添　陈刘生

林广旋　练　涛　高亿波　黄　华　黄少彬

黄华毅　梁文洪　扈丽丽　赖国栋　黎璐思

前 言

PREFACE

　　红树林是分布在热带和亚热带海岸潮间带的一种特殊的常绿植物群落，主要生长在江河入海口及沿海岸线的海湾内。红树林在净化海水、防风消浪、固碳储碳、维护生物多样性等方面发挥着重要作用，享有"海岸卫士""海洋绿肺"等美誉。红树林作为鱼、虾、蟹、贝类等生长繁殖的场所，同时也是珍稀濒危水禽的重要栖息地；此外，红树林在吸附重金属和有机氯农药、降低近海富营养化、减少海洋污染、抑制赤潮等方面也发挥着重要作用。

　　2021年8月，《全球红树林状况》发布的统计数据表明，全世界约有13.6万 km^2 的红树林，占全球陆地面积的0.1％。我国的红树林主要分布于广东、广西、海南、福建和浙江五省（区），据第三次全国国土调查统计，广东省红树林面积居全国之首，约占全国的40％。

　　相比于陆地森林系统，红树林群落结构单一，主要有桐花树群落、白骨壤群落、秋茄树群落、木榄群落、红海榄群落及其混交群落，其昆虫多样性也相对较低，易于发生较大规模的病虫害。近年来，海榄雌瘤斑螟、柚木驼蛾、桐花毛颚小卷蛾、团水虱等为害严重；互花米草、薇甘菊等外来植物的入侵，抑制了红树植物的生长，降低了生物多样性；藤壶、浒苔等污损生物也威胁着红树林的生长，对红树林生态系统具有潜在威胁。

　　习近平总书记高度重视红树林保护工作，并且叮嘱"一定要尊重科学、落实责任，把红树林保护好"。自然资源部、国家林业和草原局制定了《红树林保护修复专项行动计划（2020—2025年）》，贯彻落实了中央领导同志重要批示精神，全面加强红树林保护修复工作，明确对浙江、福建、广东、广西、海南五省（区）现有红树林实施全面保护。有害生物防控方面，要求开展红树林生态系统外来有害生物、本土有害生物的调查和风险评估，重点加强对互花米草、薇甘菊、白花鱼藤、海榄雌瘤斑螟、柚木驼蛾、藤壶等有害生物灾害的预防和控制，建立有害生物监测预警及风险管控机制。

本书基于近15年对广东省红树林有害生物的调查结果编写，主要包括病害、虫害、有害植物等内容。为方便识别，每种有害生物配有相应图文，重要有害生物增加了防控技术。期望此书的出版，能为我省及全国红树林有害生物的防治工作提供参考，也希望成为宣传保护红树林的科普图书。

本书的出版得到了林业科技支撑计划"高效防灾减灾沿海防护林体系构建优化技术研究与示范"（2009BADB2）、广东省重点领域研发计划项目"广东红树林生态修复和功能提升技术研究与示范"（2020B020214001）、广东省科技创新重点项目"林业生防菌种质资源挖掘与高质化利用"（2023KJCX020）、广东省红树林主要病虫害种类调查及重要病虫害防控技术研究（20191126）和广东省林业生态建设项目"广东省外来入侵物种普查（2023）"的资助。在病虫害调查过程中得到了广东湛江红树林国家级自然保护区管理局、淇澳红树林保护区、福田红树林国家级自然保护区的大力支持，特此致谢。

本书编者水平有限，编写过程中错误和不足之处在所难免，恳请读者批评指正。

编　者
2023年5月

目 录

C O N T E N T S

虫　害

有害植物

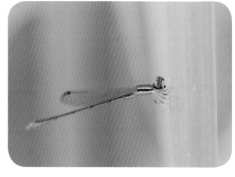

病害

桐花树煤污病

病　　原：球孢枝孢菌 *Cladosporium sphaerospermum*、烟霉霉污菌 *Leptoxyphium fumago*、朱顶红枝顶孢霉 *Acremonium rutilum* 和球腔菌 *Zasmidium citri-griseum*

为害症状 | 主要为害叶片和幼嫩枝干。发病初期叶片上出现黑色霉状物；随着病原菌不断扩展，受害部位表面被覆成片的黑色霉层；发病后期整个叶片甚至嫩枝上均布满黑色菌斑，严重阻碍光合作用，影响枝叶生长。

●防治方法————————————————————————————————

病害部分的防治方法参见本章末的"红树林病害防治方法"。

桐花树梢枯病

病　　原：**胶孢炭疽菌** *Colletotrichum gloeosporioides*、*Barriopsis tectonae*

为害症状 | 主要为害新梢或顶芽。发病初期嫩梢或顶芽枯死变黑，受害枝叶快速萎蔫坏死，呈红褐色，叶片不脱落，严重影响寄主枝梢生长。

桐花树炭疽病

病　　　原：炭疽菌 *Colletotrichum* sp.，具体种类待定

为害症状 | 常见叶片上形成不规则的水渍状病斑，病斑明显褪绿，多个病斑可连接成片；严重时，整个叶片萎黄凋落。高湿条件下，病斑上可形成散生的黄色分生孢子堆。

桐花树叶斑病

病　　原：**毛色二孢菌** *Lasiodiplodia* sp.

为害症状 | 常见叶片表面出现浅棕色病斑，呈圆形或不规则形。发病后期病斑上可见散生的黑色点状子实体。常与炭疽病共同为害桐花树叶片，常造成叶片脱落，影响植株光合作用。

桐花树褐小斑

病　　原：*Pallidocercospora heimii*

为害症状｜主要为害叶片。发病初期病斑形状不规则，呈浅褐色，周围伴有明显的黄色晕圈；发病后期病斑3.0～5.0毫米，中心常褪色，呈浅灰褐色，外缘褐色，病斑周围有黄色晕圈。

桐花树褐斑病

病　　原：小新壳梭孢 *Neofusicoccum parvum*

为害症状 | 发病初期病斑为黑色小点，后逐渐扩大成圆形、椭圆形至不规则的形状，病斑褐色，边缘有明显的黑褐色隆起；发病后期病斑上可见黑色点状子实体。

桐花树灰斑病

病　　原：不详

为害症状 | 病斑散布于叶片，呈椭圆形或不规则形，大小约5.0毫米，病斑灰白色，发病后期在受害叶片上可形成穿孔。

无瓣海桑梢枯病

病　　原：广东暗隐丛赤壳 *Celoporthe guangdongensis*

为害症状 | 主要为害嫩梢、小枝，常影响枝梢生长。发病初期嫩梢树皮出现褐色病斑，随后发病组织变黑，皮层表面形成小突起；随着病害不断发展，病原菌向周围组织扩展，发展为梢枯；发病后期枝条完全坏死，呈灰褐色，表面密集黑色突起的子实体。

无瓣海桑炭疽病

病　　原：胶孢炭疽菌 *Colletotrichum gloeosporioides*

　　为害症状｜主要为害叶片，多从叶尖、叶缘发病，偶见叶片表面发病。病斑形状不规则，呈褐色或灰褐色，受害后叶片干枯扭曲；病斑后期可见黑色小点，为病原菌子实体。

无瓣海桑叶斑病

病　　原：海桑拟盘多毛孢 *Pestalotiopsis sonneratiae*

　为害症状 | 发病初期病斑为褐色小点，边缘有黄色晕圈；随着病原菌不断扩展，病斑扩大成圆形、椭圆形或不规则的形状，病斑中心黑褐色、褐色或浅褐色，病斑外缘颜色较深，常呈黑褐色；多个病斑可扩展连接在一起，致使整个叶片变黄，为害严重时导致叶片脱落。

无瓣海桑褐斑病

病　　原：意大利果壳叶点霉*Phyllosticta capitalensis*

为害症状 | 发生较为普遍，主要为害叶片，病叶上常见多个病斑。发病初期叶面出现黄色小斑，逐渐扩大，形状不规则；随着病害不断发展，受害叶片组织褪绿变黄，病斑中心呈焦枯色；发病后期病斑互相连接，叶片变黄或干枯脱落，病斑上散生许多黑色点状的子实体。

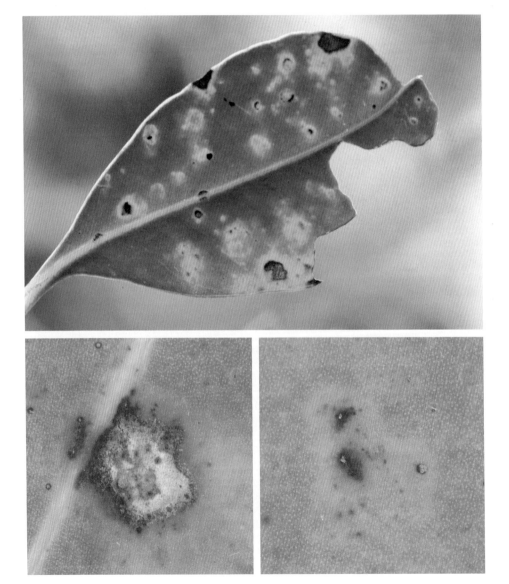

无瓣海桑白斑病

病　　　原：葡萄座腔菌 *Botryosphaeria dothidea*

为害症状 | 主要为害叶片，在叶缘、叶面均可发生。病斑灰白色，外缘病组织黑褐色，呈椭圆形或不规则形；随着病害不断发展，病斑逐渐扩大，多个病斑连接在一起，形状不规则，病斑大小1.0～5.0毫米，叶片不脱落。

无瓣海桑链格孢叶斑病

病　　原：长柄链格孢 *Alternaria longipes*

为害症状｜叶缘、叶面均有发生，病斑形状不规则，呈灰白色，病斑上散生黑色的小点，为病原菌子实体。

无瓣海桑煤污病

病　　原：小煤炱菌目Meliolales和煤炱目Capnodiales的多种病原真菌

为害症状 | 主要为害叶片和幼嫩小枝，受害组织表面形成黑色霉层或霉粉层，犹如煤污，阻碍光合作用，影响植株生长，严重时可导致枝叶枯黄，生长不良。煤污病常在一些刺吸式害虫为害后发生，这类害虫的分泌物可为病原菌提供营养，因此有效预防这类害虫为害是防治该病害的根本措施。

15

无瓣海桑花叶病

病　　原：病毒，种类不详

为害症状｜主要为害叶片。发病初期叶片上出现黄色小点，随着病原物不断生长，病斑逐渐扩展并连接成片，严重时叶片黄化脱落。

银叶树煤污病

病　　原：不详

为害症状 | 主要为害叶片或嫩枝，发病叶片可见黑色点状或片状的霉状物，随着病原菌不断生长，受害部位表面被覆成片的黑色霉层，严重阻碍光合作用；病害严重时可导致枝叶发黄、生长不良。

银叶树白粉病

病　　原：白粉菌目Erysiphales中的真菌，具体种类不详

为害症状 | 常为害嫩梢。常见受害叶片背面布满白色霉层，似绒毛，后期白色霉层变色，常见黑色点状物；受害严重的新梢及叶片畸形皱缩，甚至导致枝叶干枯。

银叶树藻斑病

病　　原：寄生性藻类，具体种类不详

为害症状 | 常见叶片正面发生藻斑，叶片背面偶有发生。发病初期为针头状的灰白色、灰绿色小点，后逐渐向四周扩展，形成圆形、椭圆形或形状不规则的稍隆起的病斑；病斑表面密布有细微、直立的纤毛，呈毛毡状，并具有略呈放射状的细纹；发病后期病斑干燥后呈灰白色。

银叶树叶枯病

病　　原：不详

为害症状 | 常从叶缘或叶尖开始为害。病斑形状不规则，呈棕黄色，逐渐向叶基部延伸，可由局部扩展到整个叶片，直至整个叶片变为浅棕色。坏死组织干枯易碎，发病叶片常呈不规则形缺刻。

银叶树丛枝病

病　　原：类菌原体或真菌，具体种类不详

为害症状｜枝干或枝条受害后，形成瘤状突起，其上形成许多不定芽，萌发成许多小枝，呈丛枝状。

海漆炭疽病

病　　原：胶孢炭疽菌 *Colletotrichum gloeosporioides*

为害症状｜常见叶片上形成大小不一的水渍状病斑，多个病斑可连接成片，病害严重时整个叶片枯黄凋落。高湿条件下，病斑上可形成黄色的分生孢子堆。

海漆叶斑病

病　　原：叶点霉 *Phyllosticta* sp.

为害症状 | 病斑散生，圆形至椭圆形。初期为黑褐色小点，周围有淡绿色晕圈，中央多呈灰白色，中心可见散生的黑点，为病原菌的分生孢子器。病健交界处有明显的黑褐色界线。

海漆煤污病

病　　原：不详

为害症状 | 主要为害叶片和幼嫩小枝，受害组织表面形成黑色霉层或霉粉层，似煤污，阻碍光合作用，影响植株健康生长。

木榄炭疽病

病　　原：**胶孢炭疽菌** *Colletotrichum gloeosporioides*

为害症状 | 常在叶片上形成较小的砖红色病斑，多发生于叶面，病斑形状不规则，凹陷；多个病斑可连接成片，导致整个叶片褪绿，影响光合作用。

木榄叶枯病

病　　原： 意大利果壳叶点霉 *Phyllosticta capitalensis*、*Colletotrichum tropicicola*

　　为害症状 | 常在叶片上形成较大的病斑，多发生于叶缘，病斑形状不规则形，呈红棕色；病害严重时多个病斑可快速连接成片，导致整个叶片枯黄脱落。

27

木榄叶斑病

病　　　原：黑孢霉 *Nigrospora* sp.

为害症状 | 为害较轻，偶见叶片上具红棕色小病斑，通常0.5～1.0厘米，病斑形状不规则；病斑中心可见散生的黑色小点，为病原菌的子实体。

木榄褐斑病

病　　原：葡萄座腔菌 *Botryosphaeria dothidea*

为害症状 | 病斑小，呈圆形或椭圆形，中心砖红色，外缘焦褐色，病斑中心可见黑色子实体。

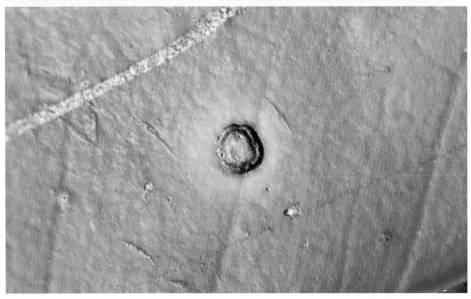

木榄黄斑病

病　　原：**假尾孢** *Pseudocercospora* sp.

　　为害症状 | 发病初期叶片出现水渍状小点，周围组织褪绿变黄；随着病害发展，病斑中心逐渐呈焦褐色，似火烧；发病后期病斑不断扩大，病斑上可见散生的乳突。

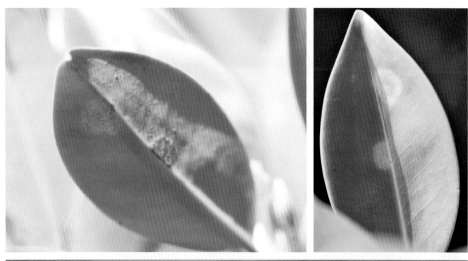

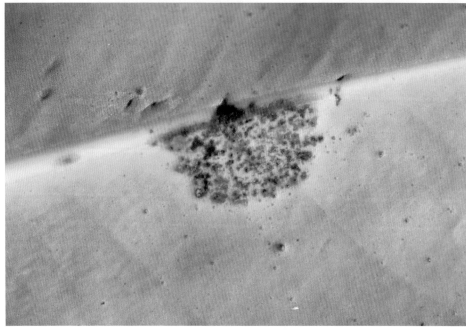

红海榄煤污病

病　　原：不详

为害症状 | 为害叶片和幼嫩枝干。发病初期叶片上出现黑色霉状物，随着病原菌不断生长，受害部位表面被覆成片的黑色霉层；发病后期整个叶片甚至嫩枝上均可布满黑色菌斑，严重阻碍光合作用。

红海榄赤斑病

病　　原：异色拟盘多毛孢菌 *Pestalotiopsis versicolor*

为害症状 | 发病初期病斑呈红褐色或褐色，近圆形或不规则形，稍凹陷，有时可见病斑外缘水渍状的晕圈；随着病害发展，病斑不断扩大，病斑中心逐渐坏死，颜色加深，呈红褐色；发病后期病斑上可见散生的点状黑色子实体。

红海榄焦斑病

病　　原：假尾孢 *Pseudocercospora* sp.

为害症状｜发病初期叶片出现水渍状小点，周围组织褪绿变黄；随着病害发展，病斑中心逐渐呈焦褐色，似火烧；发病后期病斑不断扩大，病斑上可见散生的小乳突。

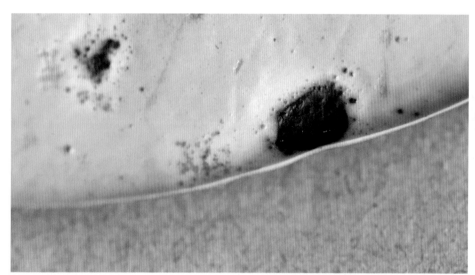

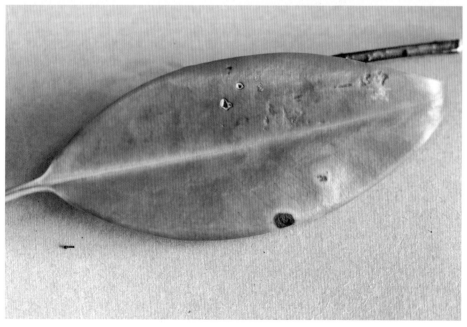

红海榄炭疽病

● ● ● ● ● ● ● ● ● ● ●

病　　　原：**胶孢炭疽菌** *Colletotrichum gloeosporioides*

为害症状 | 病斑形状不规则，稍凹陷，发病初期病斑黑褐色，随着病原菌扩展，病斑不断扩大，坏死组织最终呈沙黄色。

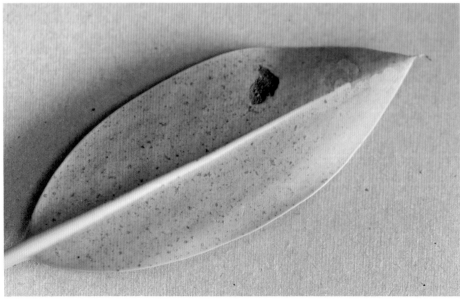

秋茄穿孔病

病　　原：拟茎点霉 *Phomopsis* sp.

为害症状 | 发病初期病斑呈椭圆形或不规则形，病斑边缘清晰，中心灰白色，可见散生的黑色点状子实体；发病后期灰白色坏死组织逐渐消解，形成形状不规则的穿孔。

黄槿煤污病

病　　原：不详

为害症状 | 常在蜡蝉等昆虫的若虫为害后发生，为次生性病害。主要为害叶片或嫩枝，发病叶片可见黑色点状或片状的霉状物，随着病原菌不断生长，受害部位表面被覆成片的黑色霉层，严重阻碍光合作用，影响植物健康生长。

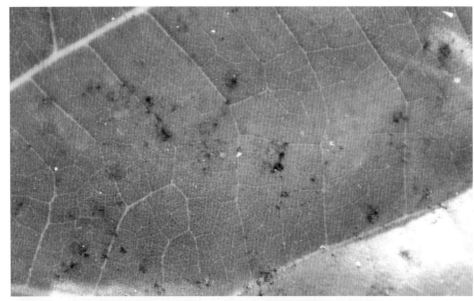

红树林病害防治方法

在红树林湿地生态系统的保护工作中，红树林病害是为害红树林的主要因子之一。目前，随着蓝碳经济的蓬勃发展，广东红树林营造与修复工作如火如荼，红树林面积迅速扩大。因此，红树林病害防治工作的重要性日趋突显，在造林过程中应注意加强苗圃病害检疫，营建以混交林为主的红树林，提高造林初期抚育管理技术以减少病害的发生。

由于湿地生态系统脆弱，红树林病害的化学防治研究及应用报道极少，但合理利用化学防治技术，可降低海岸滩涂、海产养殖区的红树林苗圃及新造红树林林地病害的为害程度，能有效提高红树林植物的成活率并改善其健康状况。在综合考虑病害分布区、为害程度及范围的同时应考虑经济为害允许水平，做到"适地、适时、适量"应用化学药剂防治病害。具体如下：对于红树林炭疽病，可选用嘧菌酯+苯醚甲环唑、吡唑醚菌酯·代森联+苯醚甲环唑、溴菌腈+嘧菌酯等化学药剂进行防治。煤污病的发生，以预防介壳虫、蚜虫、粉虱等刺吸式昆虫的为害为主，为害严重时应选用噻虫嗪、啶虫脒、氟吡呋喃酮等化学药剂，同时利用嘧霉胺、霉腐利、甲基硫菌灵、辛菌胺等药剂交替喷雾防治煤污病病菌的繁殖与扩展。此外，在苗木萌芽前，可提前喷施波尔多液或石硫合剂、百菌清等常见的保护型杀菌剂，在苗木生长期病害发生高峰前，使用多菌灵、代森锌、苯来特等广谱性杀菌剂控制病害的发生。

此外，基于目前红树林病害的研究现状，继续开展红树林植物病害种类调查，明确病害病原菌及主要致病类群，开展致病类群高效低毒药剂与土著生防菌的筛选，构建红树林病害防控技术体系，是推进《广东省红树林保护修复专项行动计划实施方案》落地见效的重要途径，对广东省红树林保护工作意义重大。

37

虫害

星天牛

拉丁学名：*Anoplophora chinensis*

分类地位：鞘翅目Coleoptera天牛科Cerambycidae星天牛属*Anoplophora*

寄主植物：寄主范围广，包括19科28属48种植物，红树林内主要为害无瓣海桑、秋茄树、桐花树、木麻黄、苦楝等。

分布地区：全国广泛分布，在广东湛江高桥、中山、珠海淇澳岛、汕头等地的红树林区域有发现。

为害症状｜是多种林木的重要钻蛀害虫，一般在潮水线（0.5～0.8米）以上为害。幼虫蛀食较大植株的基干，在木质部乃至根部为害，树干下有成堆虫粪，使植株生长衰退甚至死亡。成虫咬食嫩枝皮层，形成枯梢，也食叶呈缺刻状，造成被害植株千疮百孔；轻则影响林木生长、降低材质，重则造成风折或整株枯死。

形态特征｜**成虫：**体长16.0～60.0毫米，体宽6.0～13.5毫米；黑色，略带金属光泽。头部和体腹面被银灰色和部分蓝灰色细毛，触角1～2节黑色，其他各节基部有淡蓝色毛环；雌虫触角超出身体1～2节，雄虫触角超出身体4～5节。前胸背板无明显毛斑，中瘤明显，两侧具尖锐粗大的侧刺突。鞘翅基部有黑色小颗粒。

40

成虫（交配）

卵：长椭圆形，长4.5～6.0毫米，宽2.1～2.5毫米。初产时白色，渐变为乳白色。

幼虫：体长25.0～60.0毫米，乳白色。头部褐色，臀部淡黄色，前胸背板具"凸"字形纹，上方有2个"飞鸟"形纹，气门9个，深褐色。

蛹：纺锤形，长30.0～38.0毫米。淡黄色，老熟时黄褐色，羽化前逐渐变为黑色。

生 活 史 | 在广东1年发生1代，以幼虫在树干木质部虫道内越冬。越冬代幼虫翌年2月下旬开始活动，3月中旬开始化蛹，3月下旬成虫出现，4月中下旬成虫大量羽化，5月中旬达羽化高峰，6月下旬羽化逐渐减少，7月底难觅成虫。

生活习性 | 成虫羽化后在蛹室内滞留3～6天，于晴天10:00—17:00爬出羽化孔，啃食嫩枝梢的皮层补充营养，多在白天活动，夜晚静息，活动高峰分别在9:00和18:00左右。成虫羽化后3～4天即可进行交尾，历时1～3小时，且多在白天，每日6:00和18:00是交尾高峰，并可多次进行交尾。雌虫一般选择树皮粗糙、较厚、松软处产卵，产卵高峰期在10:00左右，产卵刻槽呈"T"形或"人"字形，产卵后在刻槽上分泌淡黄色黏液，压实刻槽，刻一槽产1粒卵。5月初幼虫孵化，先在产卵处皮下蛀食，伴有白色泡沫状胶质流出，表皮上可见少量虫粪，后蛀入木质部，形成不规则的扁平坑道，内充满虫粪。持续为害至11月底，以老熟幼虫在木质部蛀道内越冬。

●**防治方法**

（1）野外释放天敌昆虫——花绒寄甲进行防治。

（2）在距地面约1.5米的树干上环挂布氏白僵菌无纺布菌条可有效防治成虫。

（3）羽化初期，使用噻虫啉进行林间常量喷雾，以树干和树冠微湿为宜。

（4）将树干涂白剂与噻虫啉混合后进行树干涂白，涂白高度为50厘米。

（5）使用噻虫啉、吡虫啉进行打孔注药防治。

41

幼虫

蛹

羽化孔

蛀道

产卵孔

为害症状（1）

42

为害症状（2）

红脚异丽金龟

拉丁学名：*Anomala cupripes*
别　　名：红脚绿金龟
分类地位：鞘翅目 Coleoptera 丽金龟科 Rutelidae 异丽金龟属 *Anomala*
寄主植物：美人蕉、月季、玫瑰、柑橘等。
分布地区：广东、广西、福建、台湾、云南、浙江、四川、湖北等地。

为害症状 | 为害叶片时，叶肉几乎被成虫吃光，叶片呈缺刻状，仅剩叶脉；被为害的嫩梢呈扫帚状，嫩梢丛生，无明显主干。幼虫为害时，先取食幼树的主根，再取食侧根，被幼虫为害的植株大多立枯死亡。

形态特征 | **成虫**：体长18.0～28.0毫米，体宽11.5～15.0毫米。触角鳃叶状，鳃片3节；体背纯草绿色，有金属光泽，腹面及足带紫红色。鞘翅匀布

成虫

略密的粗刻点，刻点行略可辨认，中央隐约可见由小刻点排列的纵线4～6条，边缘向上卷起且带紫红色光泽，末端各有1个小突起。腹部6节，雄虫臀板稍向前弯曲和隆起，尖端稍钝，腹部第6节腹板后缘具一黑褐色带状膜；雌虫臀板稍尖，后突出。足火红色或枣红色。

卵： 乳白色，椭圆形，长约2.0毫米，宽约1.5毫米。

幼虫： 乳白色，头部黄褐色，体圆筒形，静止时呈"C"形。腹末节腹面有黄褐色肛毛，排列成梯形裂口。

蛹： 裸蛹，长椭圆形，长20.0～30.0毫米，宽10.0～13.0毫米。化蛹初期淡黄色，后渐变为黄色，将要羽化时为黄褐色。

生 活 史｜1年发生1代，以老熟幼虫在土壤中越冬。翌年3—4月化蛹，4月底至5月初羽化为成虫。

生活习性｜成虫在白昼和黑夜均可取食叶片，在烈日时静伏于浓密的树枝丛内，在高温闷热和无风的晚间活动最活跃；具有较强的趋光性、假死性和在夜晚飞行的习性，一般是将卵产于土壤中，幼虫为害根部。

●**防治方法**

（1）平时加强虫情测报，在其为害的高峰期，选择有利的气候条件（高温、闷热、无风和能见度低），在晚上对其进行黑光灯诱杀。

（2）利用苏云金芽孢杆菌进行防治，将其均匀撒入土中。

（3）幼虫期可用氯虫·噻虫嗪进行灌根处理。

墨绿彩丽金龟

拉丁学名：*Mimela splendens*

别　　名：亮绿彩丽金龟

分类地位：鞘翅目 Coleoptera 丽金龟科 Rutelidae 彩丽金龟属 *Mimela*

寄主植物：成虫取食栎、油桐、李等，红树林内主要为害水黄皮及其他伴生植物。

分布地区：黑龙江、吉林、辽宁、河北、陕西、山西、浙江、安徽、湖北、湖南、江西、四川、云南、广西、广东、福建、台湾等地均有分布，广东汕头红树林区域有发现。

为害症状｜成虫取食为害花蕊和嫩叶。成虫多以群集为害，食完一株再转株为害。

形态特征｜成虫体长15.0～21.5毫米，体宽8.5～13.5毫米。体中至大型，后方扩阔，呈卵圆形，全体墨绿色，通常体背带强烈绿色金属光泽，触角9节，呈黄褐色至深褐色。前胸背板短，均匀散布刻点，中央有1条细狭中纵沟，两侧中部各有一显著小圆坑，圆坑后侧有一斜凹，四缘有边框。小盾片短阔，散布刻点。鞘翅散布刻点，缝肋显著，纵肋模糊，臀板大，短阔三角形。胸下密被绒毛，后缘折角近直角，前、中足2爪。

生　活　史｜在福建1年发生1代，以3龄幼虫在5～15厘米深的土室中越冬。幼虫共3龄。沿海地区4月中下旬越冬幼虫开始活动；5月上旬开始化蛹；成虫盛期出现于5月中下旬；6月上中旬为成虫交尾、产卵盛期；6月下旬卵开始孵化；10月下旬3龄幼虫陆续越冬。

生活习性｜幼虫取食土中腐殖质，有假死性，会互相残杀。成虫有多次交尾现象，边交尾边取食后产卵或交尾后补充2～3天营养再产卵；成虫有强烈的假死性和趋光性。

●防治方法

（1）灯光诱杀。在园内安装黑光灯，在灯下放置水桶，将落在水中的墨绿彩丽金龟捕杀。

（2）人工捕杀成虫。

（3）糖、醋、酒、水比例为糖∶醋∶酒∶水=5∶1∶1∶100，进行趋化诱杀。

（4）将绿僵菌或白僵菌均匀撒入土中防治蛴螬。

（5）4月中旬于墨绿彩丽金龟出土高峰期，利用氯虫·噻虫嗪进行灌根处理。

（6）4月为成虫出土为害期，用高效氯氰菊酯拌菠菜叶，作为毒饵毒杀成虫，每平方米撒3～4片，连续撒5～7天。

45

（7）在墨绿彩丽金龟为害盛期，在树上喷施吡虫啉进行防治，喷药时间为16:00以后，即墨绿彩丽金龟活动时。

成虫（交配）

成虫

中喙丽金龟

拉丁学名: *Adoretus sinicus*

别　名: 中华喙丽金龟

分类地位: 鞘翅目Coleoptera丽金龟科Rutelidae喙丽金龟属*Adoretus*

寄主植物: 幼虫可为害茶、桑、樱花、榆树、核桃、花生等多种植物；成虫为害蔷薇科、大戟科、豆科、锦葵科、胡桃科等60科500余种植物，红树林内为害秋茄树。

分布地区: 江西、浙江、安徽、江苏、上海、山东、湖北、湖南、福建、广东、广西、台湾等地。

为害症状 | 成虫、幼虫均可造成危害，成虫夜间群集取食植物叶片，喜食下部老叶，受害叶片呈网状破损，严重时整个叶片被取食殆尽，只剩下主叶脉。虫粪掉落于下部叶片或地上，生长势弱的幼龄植株受害严重，受害叶片提早凋落。幼虫孵化后即在表土中取食须根，也取食根颈皮层，为害稍轻时，被害根颈皮层可愈合或产生根瘤；为害严重时，可致根颈部皮层缺损或腐烂，部分幼龄植株可见死株现象。一般每年的5月中旬至6月上旬和8月中下旬是成虫为害的高峰期。

形态特征 | **成虫:** 体长9.0～11.5毫米，体宽3.0～5.0毫米，长椭圆形略扁平，栗褐色或茶褐色，被针形乳白色绒毛。触角10节，棒状部3节。前胸背板短阔，侧缘圆弧状弯突，后角圆或钝圆。小盾片近三角形，鞘翅上有4条不明显的隆起线，可略见灰白色毛斑，后足胫节外侧缘具2个齿突。腹部侧端呈纵脊状，腹面栗褐色，密生鳞毛。雌虫鞘翅缘折向后陡然细窄。雄虫平均体长和体宽均小于雌虫。

卵: 初产时纯白色，后逐渐变为乳白色，初为椭圆形，长1.5～1.8毫米，宽1.0～1.2毫米，后期逐渐膨大至近球形，近孵化时从卵中能看到1龄幼虫上颚。

幼虫: 蛴螬型，共3龄。体长15.0～19.0毫米，体宽2.7～2.9毫米。体肥，皱褶较多，乳白色。头浅褐色，宽度略窄于前胸，口器深褐色，触角弯曲呈马蹄状。胸足3对。腹部9节，臀节腹板覆毛片上稀疏排列钩状刺毛，毛的前端超过腹板中点。

蛹: 离蛹，长10.0～12.0毫米，前钝后尖，初时为白色，后渐变为淡黄色，快羽化时呈黄褐色，体表有微小刚毛。

生活史 | 一般1年发生2代。通常以幼虫在土中越冬，越冬代幼虫期达到200天以上。10月中下旬幼虫在表土层5.0～10.0厘米处越冬，翌年3月中下旬开始活动，4月下旬在表土层筑室化蛹，2代蛹的历期相似，为5～11天。越冬

代蛹于5月上旬开始羽化出土，5月下旬至6月中旬为越冬代成虫盛期，6月上旬产卵，卵期为6～13天，第1代幼虫期为45～55天，第1代成虫在8月上旬开始羽化，8月下旬为羽化盛期。第1代成虫9月上旬开始产卵，卵期为8～22天。

生活习性 | 成虫羽化后在土中潜伏2～3天后出土活动取食，以21:00前后出土最多；出土4～5天后即可交尾，19:00左右交尾最多。成虫活泼、飞翔力较强，受惊后即飞离；有假死性，无趋光性，有昼伏夜出习性。雌虫交尾后10～15天开始产卵，卵散产于表土层5.0～10.0厘米处。幼虫在土中孵化。

●**防治方法**

（1）沟施白僵菌、绿僵菌可防治幼虫，在秋冬季采用球孢白僵菌（有效活菌数≥100亿/克）微生物菌剂拌有机肥或细土撒施，再翻耕土壤，每亩用量3～5千克。

（2）现已发现的捕食性天敌有青蛙、蟾蜍、鸟类等，应加以保护利用。

48

成虫（交配）

麻皮蝽

·····

拉丁学名：*Erthesina fullo*

别　　名：黄胡麻斑蝽

分类地位：半翅目 Hemiptera 蝽科 Pentatomidae 麻皮蝽属 *Erthesina*

寄主植物：樟树、台湾相思、榆树、合欢、刺槐、构树、悬铃木等，红树林内
　　　　　为害木麻黄等伴生植物。

分布地区：我国各地均有分布，黄河以南地区常见。在广东广州南沙红树林区
　　　　　域有发现。

为害症状 | 刺吸枝叶和幼果，呈苍白色斑点，影响植株生长发育。

形态特征 | **成虫**：体长21.0～25.0毫米，体宽10.0～12.0毫米。体黑色，密布黑色刻点和不规则的细碎黄斑。头部突出，背面有4条黄白色纵纹从中线顶端向后延伸至小盾片基部；触角黑色5节，第5节触角基部1/3为浅黄色或黄色。前胸背板及小盾片为黑色，具黄白色边；有粗刻点及散生的白点。腹部背面黑色，侧缘黑白相间或稍带微红色。后足基节旁有挥发性臭腺。

卵：长约21.0毫米，宽约17.0毫米。近圆形，淡黄色。壳网状，卵盖半球形，周缘有箍形突，其上具33～34个精孔突。

49

若虫：体长16.0～18.4毫米，体宽9.6～10.0毫米。头、胸、翅芽黑色，腹部灰褐色，全身被白粉。头中侧叶近等长，前端中央至小盾片具一淡黄色中线，翅芽内缘基部有红色或黄色斑点。足黑褐色，各腿节基部2/3为淡黄色，胫节中段为黄白色。

生　活　史 | 在河北、山西1年发生1代；在江西南昌1年发生2代，以成虫在屋檐下、墙缝、树皮等处越冬。翌年3月下旬出蛰活动，4月下旬至5月中旬产卵。第1代若虫于5月上旬至7月下旬孵出，6月下旬至8月上旬羽化，7月中旬至9月初产卵。第2代若虫于7月下旬至9月上旬孵出，8月底至10月中旬羽化，11月上旬至11月中旬陆续越冬。卵期1代5～7天，2代4～5天；若虫期各代均40～60天；成虫期1代60天，越冬代长达9～10个月。

生活习性 | 成虫飞翔力很强，常栖息于较高的树干、枝叶和嫩果上吮吸汁液。以成虫在屋檐下、墙缝、树皮等处越冬。全年以5—7月为害最烈。交尾多在上午进行，能持续3小时左右；弱趋光性，卵多聚产于叶背，呈块状，每块12粒卵，初孵若虫常群集于叶背，3龄后分散。遇敌时通过臭腺放出臭气。

●防治方法

（1）成虫越冬期进行人工捕捉。

（2）成虫、若虫发生初期，向树冠喷施阿克泰进行毒杀。

成虫

若虫

离斑棉红蝽

拉丁学名：*Dysdercus cingulatus*

分类地位：半翅目 Hemiptera 红蝽科 Pyrrhocoridae 棉红蝽属 *Dysdercus*

寄主植物：寄食于黄槿、木槿、木芙蓉、朱槿等多种锦葵科植物，红树林内为害桐花树、杨叶肖槿。

分布地区：我国华中、西南、华南等地。广东分布于惠州惠东稔平半岛、珠海淇澳岛、汕头、中山。

为害症状｜以果实或茎叶汁液为食，能够对寄主的枝、叶、果进行刺吸式为害，并诱发瘿螨大发生。5—7月和9—11月是2个世代的严重为害期。

形态特征｜成虫：体长12.0～18.0毫米，体宽3.0～6.0毫米。头部、前胸背板和前翅橙红色，前胸背板前缘有1条横向的新月形白斑。触角4节，黑色，第1节基部朱红色。喙4节，除第4节端半部黑色外其余均为红色。小盾片黑色。革片中央具1个椭圆形黑斑，左右革片的2个黑斑远离。胸部、腹部腹面红色，各节后缘具两端加粗的白色横带。足基节外侧有弧形白纹。

生活史｜在云南1年发生2代，常以卵在表土缝隙内成堆越冬，若虫或成虫在土缝内、枯枝落叶下越冬。卵期6～7天。

生活习性｜成虫、若虫混居。成虫爬行迅速，不善飞翔。成虫最适温度为22～34℃，17℃以下不活动，0℃以下超过5小时即死亡。最适相对湿度为40%～80%。成虫羽化后的10天雌虫开始交配，交配时不停止活动和取食，交配后十多天才产卵，产卵1～3次。卵成堆，每堆有卵20～30粒，多产于土缝、植株根际、土表下和枯枝落叶下。卵在35℃以上迅速死亡，不耐低湿，相对湿度66%以下不能孵化。幼虫不耐低湿和高温，有群居习性。

●防治方法

可用甲维盐和联菊·啶虫脒等进行防治。

51

成虫

为害症状

突背斑红蝽

拉丁学名：*Physopelta gutta*

别　　名：火星红蝽

分类地位：半翅目Hemiptera红蝽科Pyrrhocoridae斑红蝽属*Physopelta*

寄主植物：锦葵科植物，红树林内为害杨叶肖槿。

分布地区：湖北、广东、广西、台湾、云南、西藏。

形态特征 | **成虫：**体长14.0～18.0毫米，体宽3.5～5.5毫米。体呈窄椭圆形，黄褐色至浅黄色，被平伏短毛。头顶棕褐色，基部中央深色。喙棕褐色，触角黑色，第4节基部白色。前胸背板深褐色，各边缘橙褐色至浅红褐色，前叶强烈突出，后叶中央具棕黑色粗刻点。小盾片棕黑色。前翅革片前缘浅红褐色，中央具一黑斑；后具三角形小斑。腹面棕红色，有时黄褐色；腹部腹面侧方节缝处有3个显著的新月形棕黑色斑。足深褐色至黑褐色，前足股节加粗。

生　活　史 | 不详。

生活习性 | 植食性，成虫具有趋光性。

52

●**防治方法**

（1）利用成虫的趋光性，用诱虫灯进行诱杀。

（2）可用甲维盐、联菊·啶虫脒等进行防治。

成虫

诺碧美盾蝽

拉丁学名：*Calliphara nobilis*

分类地位：半翅目Hemiptera盾蝽科Scutelleridae美盾蝽属*Calliphara*

寄主植物：秋茄树、杨叶肖槿、海漆、血桐、蓖麻、檀香、苍耳、飞蛾槭，以及红树属、叶下珠属、脚骨脆属植物。

分布地区：在广东惠州惠东红树林区域有发现。

为害症状｜常常集群出现，不同龄的若虫和成虫同时吸食寄主植物的果实。

形态特征｜成虫：体长10.0～15.0毫米；触角深色，4节；复眼大。头部、胫节和跗节呈彩虹色、绿色，背面呈金属淡绿色。前胸背板近缘具3个横斑，中域1列共4个斑，小盾片有7个斑，左右各一直列，每列3个斑，近端部1个斑，斑多为蓝紫色。腹板侧呈深色，具彩虹色光泽，外侧有点状，中线较浅，后外侧角光滑，无棘。腿节大部分为橙色。后胸气味腺的气孔很大。

生活习性｜栖息于沿海植被，特别是咸水或半咸水中的热带红树林，因为幼虫只吃海漆的种子，所以只有产在海漆上的卵可以孵化。

53

●防治方法

（1）人工捕杀群集不动的若虫。

（2）用溴氰菊酯、溴虫腈喷杀若虫。

成虫

若虫

大盾背椿象

● ● ● ● ● ● ● ●

拉丁学名：*Eucorysses grandis*
分类地位：半翅目 Hemiptera 盾蝽科 Scutelleridae 盾背椿象属 *Eucorysses*
寄主植物：银叶树。
分布地区：在广东深圳福田红树林区域有发现。

成虫

54

为害症状｜成虫和若虫均以锐利的口器刺穿枝条或果实，吸食汁液。当椿象取食时，口针鞘折叠弯曲，口针直接刺入组织内为害，使被害部位停止生长，被害组织死亡，果实受害后逐渐变黄，乃至脱落。

形态特征｜**成虫**：体长22.0～26.0毫米，体宽约1.0厘米。体背为米白色、米黄色或橙黄色；头部中央具黑色纵带，后缘具黑色横带；小盾板前缘具黑色横带，中央具3枚黑色斑纹。前胸背板中央具有大黑斑，小盾板具5枚黑斑。

卵：雌虫常产卵于叶背，数百粒卵堆积成卵块。

若虫：1龄幼虫身体呈红色，2～5龄幼虫具有金属光泽。

生　活　史｜成虫4—5月出现，11—12月可见越冬个体。

生活习性｜成虫和幼虫身上具有臭腺孔，当它们受到惊吓时会从臭腺孔喷出臭液，散发恶臭来驱逐敌人。主要生活在低海拔地区。成虫具有趋光性，喜欢高温、多雨。3龄之前椿象只能爬行，不具飞行能力。

● **防治方法**

（1）对天敌加以合理利用，已知的天敌有蜘蛛、黄猄蚁、螳螂等。

（2）越冬成虫春季恢复活动（3月中下旬）时喷施氯氰菊酯，在若虫3龄前（在广东为4月中下旬）进行第2次喷药。

紫藤雪盾蚧

拉丁学名： *Chionaspis wistariae*

分类地位： 半翅目Hemiptera盾蚧科Diaspididae雪盾蚧属*Chionaspis*

寄主植物： 红树林内主要为害秋茄树、木榄。

分布地区： 广东省内主要分布在珠海淇澳岛、广州南沙、惠州惠东等地的红树林区域，多见于苗圃内。

为害症状 | 叶受害后，出现黄斑，严重时叶片布满白色介壳，致使叶大量脱落。枝干受害后枯萎；严重的布满白色介壳，树势减弱，甚至诱发煤污病，严重影响植株生长、发育，降低观赏价值。

形态特征 | **成虫：** 雌虫纺锤形。触角相距较远，超过本身长度的3倍，上有1根刚毛。前后气门都伴有盘状腺孔。侧腺管分布在后胸至第3腹节侧缘。腺瘤分布在后胸至第3腹节侧缘。腺刺分布在第3、第4腹节侧缘，数目不一；臀板上的腺刺除第5腹节上1～2个外，其余均单个分布。背腺管分为亚缘群、亚中群，亚缘群分布在第3～5腹节上，亚中群分布在第3～6腹节上。边缘腺管每侧7或8个。围阴腺孔5群。

55

介壳： 雌虫瘦长形，中部稍宽，后端圆，白色，蜕在前端。雄虫长条形，白色，3条纵脊突出显著，蜕在前端，褐色。

生　活　史 | 不详。

生活习性 | 不详。

● 防治方法

（1）在虫害刚开始发生时，剪除虫害严重的枝叶，减少虫源，控制虫害传播蔓延。

（2）保护天敌，充分发挥天敌作用，同时也可引放一些对虫害有明显控制作用的天敌，如寄生蜂、日本方头甲、捕食螨及捕食性蓟马、草蛉、瓢虫等。

（3）使用多杀霉素喷雾防治。

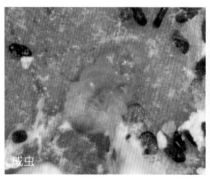
成虫

成虫（雄）

成虫（雌）

为害症状（1）

为害症状（2）

为害症状（3）

秋茄牡蛎盾蚧

· · · · · · · · ·

拉丁学名：*Lepidosaphes pallidula*

分类地位：半翅目 Hemiptera 盾蚧科 Diaspididae 牡蛎蚧属 *Lepidosaphes*

寄主植物：目前已知的寄主植物有9科10属，在红树林内为害秋茄树。

分布地区：广东省内主要分布在珠海淇澳岛、惠州惠东等地的红树林区域。

为害症状 | 寄生于秋茄树的叶和枝表面，可吸食寄主汁液，对植物的叶片和嫩枝造成危害，引起被害植株叶片黄化、枯萎、凋落，造成寄主生长缓慢，严重时可导致幼树死亡。

形态特征 | **成虫：** 雌虫体长1.4～2.1毫米，体宽0.39～0.52毫米。体呈长形，前窄后阔，隆起呈牡蛎状；新长介壳初为丝状物构成的灰白色膜，后呈棕黄色或褐色，并有金属光泽，且有多个生长线形成的横皱纹，少数有灰白色横条纹，最后端较窄且薄，为白色，介壳整体覆盖丝状物，边缘为灰白色；其内为褐色；脱皮位于前端；腹膜白色完整，死后介壳较黑，渐光滑。雄虫体长约1.05毫米，触角长约0.38毫米，翅长约0.56毫米，翅展约1.26毫米；口器退化，完全不取食；寿命短；介壳颜色和形状同雌虫，狭长，前狭后宽；蜕皮位于前端。

卵： 长椭圆形，长约0.2毫米，宽约0.11毫米；初为白色且半透明，略有光泽；随后卵一端颜色渐变为淡黄色，后颜色逐渐均匀，整体变为淡黄色；若虫孵化前卵表面出现皱槽。

若虫： 初孵若虫体长约0.2毫米，体宽约0.12毫米；椭圆形，淡黄色；3对

57

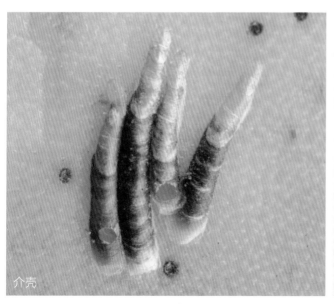

介壳

成虫（雌）

为害症状

足，1对触角。2龄若虫体渐长大，体长0.25～0.53毫米，体宽0.14～0.23毫米；虫体前端分泌出2条细丝，后环尾部泌蜡；虫体白色。

生 活 史 | 在福建厦门1年发生9代，世代重叠，没有明显越冬现象。卵历期5～10天；若虫共2龄，1龄历期5～15天，2龄历期约10天；预蛹及蛹历期4～8天；雄虫历期1.5～7.0小时。

生活习性 | 林间秋茄牡蛎盾蚧只寄生于秋茄树上，寄生部位为叶，室内则可寄生在叶和枝干上。雌虫的个体发育过程为卵—1龄若虫—2龄若虫—雌虫；雄虫的个体发育过程为卵—1龄若虫—2龄若虫—预蛹—蛹—雄虫。该虫的发育历期较短，两性生殖。成虫出壳时用尾掀开介壳后端，翅膀折到头部，腹部先出，待完全出来后，翅、触角舒展，先为爬行，后跳跃飞行，飞行能力弱，交配后不久即死亡。

●防治方法

（1）在虫害刚开始发生时，剪除虫害严重的枝叶，减少虫源，控制虫害传播蔓延。

（2）保护天敌，充分发挥天敌作用；同时也可引放天敌，如黄蚜小蜂、恩蚜小蜂等，对虫害有明显控制作用。

（3）林间喷洒绿颖和苦参碱混合剂，每5天喷洒1次，共喷洒3次。

山茶片盾蚧

拉丁学名：*Parlatoria camelliae*

分类地位：半翅目 Hemiptera 盾蚧科 Diaspididae 片盾蚧属 *Parlatoria*

寄主植物：秋茄树。

分布地区：陕西、河南、江苏、安徽、浙江、湖北、湖南、江西、福建、广东、广西、贵州、云南、四川、海南、台湾、香港。

为害症状｜对秋茄树叶片、枝干和嫩梢造成严重危害，吸取汁液，造成叶片变黄、卷曲或萎蔫、干枯，严重时叶片全部脱落，造成树势减弱、生长不良甚至死亡，同时其分泌的蜜露会成为真菌的养分，可导致煤污病的发生。

形态特征｜**成虫**：雌虫体长0.65～0.80毫米，体宽0.5～0.6毫米，虫体紫色。体略呈椭圆形，体长大于体宽，最宽处在后胸，两端圆形；身体的分节明显，各节的侧缘略呈瓣状突出，身体上和边缘有小毛。

成虫

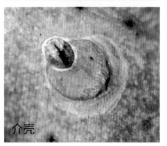

介壳

若虫：体卵形，红色，后方较狭，中、后胸处最宽；边缘腺管3对，分布在3对臀叶之间，中臀叶间无；背腺管仅1～2对。1龄若虫体长约0.28毫米，体宽约0.19毫米；2龄若虫触角短，5节。

介壳：雌虫长1.5～2.0毫米，宽1.0～1.4毫米，椭圆形、梨形或卵形；质薄、扁平；白色或灰褐色，有时有绿色的小点。蜕皮位于前端，第1蜕皮卵形、黄绿色，大部分叠在第2蜕皮上，前端伸出一部分；第2蜕皮近圆形，与第1蜕皮颜色相同，被有分泌物，占全介壳的1/3，前端伸出分泌物部分的外面；膜白色，大部分遗留在叶上。雄虫长0.5～0.8毫米，宽0.16～0.30毫米，黄绿色或白色，有暗绿色点；两侧略平行，隆起；若虫蜕皮偏于一端；蜕皮黄绿色。

生活史｜不详。

生活习性｜不详。

●**防治方法**————————————————————

（1）保护和利用昆虫天敌，如盾蚧跳小蜂、麦厄跳小蜂等。

（2）冬季用石硫合剂或松脂合剂喷杀越冬若虫。

（3）若虫发生期可选用蚧宝乳油进行喷杀。

（4）成虫发生初期，用扑虱灵喷雾，视虫情隔15天再喷1次。

59

斑点广翅蜡蝉

拉丁学名：*Ricania speculum*

别　　名：点滴广蜡蝉、红树蜡蝉、红树广翅蜡蝉

分类地位：半翅目Hemiptera广翅蜡蝉科Ricaniidae广翅蜡蝉属*Ricania*

寄主植物：寄主广泛，涉及42科86种植物，红树林内寄主包括海漆、海桑、无瓣海桑、桐花树、老鼠簕、海芋、木麻黄、秋茄树、海桐、杨叶肖槿、银叶树、红海榄、海榄雌、木榄等。

分布地区：陕西、河南、江苏、安徽、浙江、湖北、湖南、江西、福建、广东、广西、贵州、云南、四川、海南、台湾、香港。

为害症状｜对秋茄树造成较为严重的危害，桐花树、海榄雌次之，老鼠簕最轻。成虫、若虫群集在嫩枝、叶背和嫩芽上以刺吸式口器吸食嫩枝叶内汁液的营养成分，使植株营养不良，树势衰弱，常导致落花落果，严重时枝条死亡；其排泄物（蜜露）可诱发煤污病，影响叶片的光合作用。雌虫产卵时将产卵器刺入枝茎内，引起流胶，被害嫩枝、嫩叶枯黄，生长势弱，难以形成叶芽和花芽。

形态特征｜**成虫：**体长6.0～8.0毫米，翅展16.5～18.0毫米。头胸部黑褐色至烟黑色；触角刚毛状，短小，黄褐色；复眼黄褐色，单眼红棕色。前翅褐色至烟褐色，翅革质密布纵横脉，呈网状，前翅宽大，略呈三角形，翅面被稀薄白色蜡粉，有3斑型和2斑型两种形态：3斑型成虫翅面上有3个透明白斑，一个位于前缘约2/3处，近三角形，一个位于外缘近顶角处，呈不规则形状，一个位于翅面中部，近圆形；2斑型成虫翅面只有2个斑。后翅淡褐色半透明，翅脉黑色，近三角形，外缘具微小刚毛。足和腹部褐色。

卵：长卵圆形，长0.7～1.4毫米。初产时无色，后渐变为白色至米色，近孵化时为浅黄色。

若虫：低龄若虫为乳白色，3龄为浅绿色，4～5龄为褐色。虫体菱形，腹

成虫和若虫（黄槿）

成虫（银叶树）

60

成虫（秋茄树）

末有3束白色蜡丝，白色波状蜡丝可似孔雀做开屏状运动。

生 活 史｜在广东深圳1年发生1代，以卵越冬。最早于3月中旬开始孵化，4月上旬至5月初为孵化盛期，4—5月为若虫盛发期，最早于5月上旬可见成虫为害，5月下旬至6月中旬为成虫盛发期，8月成虫逐渐变少，11中旬还能见少量成虫。

生活习性｜成虫飞行能力较强，善跳跃。成虫羽化多在21:00至翌日2:00，刚羽化的成虫全身白色，眼灰色，12小时后逐渐转为黑褐色。羽化后9～12天交尾，交尾时间为19:00—21:00。交尾后7～9天雌虫开始产卵，在9:00—12:00进行，产卵时割破嫩枝表皮，将卵产于韧皮部和木质部之间，产卵期5～6天，卵多单行排列，两卵间隔1～2毫米。若虫共5龄，孵化多于21:00至翌日2:00进行，初孵若虫10小时后出现蜡丝，12小时后转移到叶背；2龄前群集于叶背为害；3龄后稍分散到嫩枝及叶片上为害，还可跳跃到周围其他寄主上，较少为害果实。若虫活泼，稍受惊即横行斜走，惊动过大时则跳跃，晴朗温暖天气活跃，早晨或阴雨天活动少。

●防治方法

（1）在成虫期悬挂黄色粘虫板、诱虫灯诱杀成虫。

（2）保护和利用天敌，主要有草蛉、大腹园蛛、异色瓢虫等。

（3）于成虫产卵前、若虫盛孵期、初龄若虫期喷施溴氰菊酯，药液中添加矿物油乳剂。

（4）使用氯氰菊酯和噻嗪酮混合剂喷施防治。

紫络蛾蜡蝉

拉丁学名：*Lawana imitata*
别　　名：白蛾蜡蝉、白鸡、白翅蛾蜡蝉、青翅羽衣
分类地位：半翅目 Hemiptera 蛾蜡蝉科 Flatidae 络蛾蜡蝉属 *Lawana*
寄主植物：为害几十种果树和林木，红树林内为害木麻黄。
分布地区：浙江、湖南、湖北、福建、广东、广西、云南、台湾等地。

为害症状 | 主要以成虫、若虫刺吸嫩梢、嫩叶的汁液为害。第1代是主害代，主要为害当年春梢，第2代主要为害当年秋梢。被害植株生长不良、叶片薄、发芽稀少，甚至造成新梢枯萎。若虫分泌白色蜡质，排泄蜜露，污染叶片及枝梢，可诱致煤污病，阻碍光合作用，影响植株生长发育。成虫在嫩梢、嫩枝皮层内产卵，严重时对新梢组织造成损伤。夏、秋两季阴雨天多，降水量较大时虫害发生较严重。

形态特征 | **成虫：** 体长19.0～20.0毫米，翅展42.0～45.0毫米，碧绿色或黄白色，体被白色蜡粉。头圆锥形，触角刚毛状，基部膨大，着生于复眼下方，复眼圆形，黑褐色。前胸背板较小，中胸背板上有3条隆脊，形状似蛾。前翅略呈三角形，顶角近乎直角，翅脉密布，呈网状，翅外缘平直，臀角尖而突出；后翅较前翅大，柔软，半透明。初羽化的成虫黄白色，翅脉淡紫色，约20天后成虫体色变为碧绿色。

卵： 长椭圆形，淡黄白色，表面具细网纹，卵粒聚集排列成纵列条状。

若虫： 体长7.0～9.0毫米，椭圆形，虫体稍扁平，白色，全体布满棉絮状蜡质物，胸部较宽大，翅芽发达，向后体侧平伸，端部平截；腹部末端截断，分泌蜡质较多，有成束粗长的蜡丝，后足发达。

生活史 | 在我国华南

成虫

62

地区1年发生2代；以成虫在寄主茂密的枝叶间越冬。越冬代成虫翌年3月开始活动取食，生殖器官随着取食而逐渐成熟，进行交尾产卵。第1代卵孵化盛期在3月下旬至4月中旬，3—6月是越冬成虫发生为害期，若虫盛发期为4月下旬至5月初，成虫始见于5月下旬，卵期为40天左右。第2代卵孵化盛期在7月下旬，若虫盛发期在8月上旬，9—10月陆续出现成虫，9月中下旬为第2代成虫羽化盛期，至11月若虫几乎发育为成虫，随着气温下降成虫转移到寄主的茂密枝叶间越冬。

生活习性 | 若虫多在夜间孵化。成虫羽化基本在白天，以10:00—14:00最多，成虫能做短距离飞行，交尾多在16:00—19:00进行，交尾1小时左右。卵集中产于嫩梢组织中，纵列成长方形条块。产卵痕开裂，皮层翘起。若虫有群集性，善跳跃，受惊动时便迅速弹跳逃逸。若虫体上蜡丝束可伸张，有时犹如孔雀开屏。成虫体表被白色蜡粉，栖息时在树枝上往往排列成整齐的"一"字形。

●**防治方法**————————————————————————

（1）保护和利用天敌，如鸟类、蜘蛛、草蛉、瓢虫、食蚜蝇、寄生蜂、寄生菌等。

（2）成虫产卵前或若虫盛发期使用吡虫啉、溴氰菊酯、联苯菊酯进行防治。

63

黄槿瘦木虱

拉丁学名：*Mesohomotoma comphora*
分类地位：半翅目 Hemiptera 裂木虱科 Carsidaridae 瘦木虱属 *Mesohomotoma*
寄主植物：杨叶肖槿。
分布地区：在广东深圳、惠州红树林区域有发现。

为害症状 | 成虫和若虫均有群集性，寄居在叶片背面吸食汁液。若虫分泌的白色絮状蜡质物能堵塞植物的气孔，影响光合作用及呼吸作用，进而导致叶片枯萎，严重时会使叶片脱落、枝干干枯；且分泌物富含糖类，容易使叶片发霉变黑，严重影响植株的生长发育，甚至污染环境。

形态特征 | 成虫体狭长，绿色至黄绿色，具褐斑，体长4.5～5.5毫米。头黄色，头宽0.73～0.75毫米，头顶褐色，具4条黄绿色纵脊，中缝褐色；触角褐色，鞭节黄绿色，第3～8节端及第9、第10节黑色，端部2根刚毛黄色；胸背面褐色，具黄色或绿色纵条，前胸背板为7条、前盾片为4条、盾片为5条；前翅透明，脉具褐斑或黑斑，翅脉端黑斑较大，中部具1个圆形黑斑；腹部黑色具黄斑。雌虫腹端侧视背板粗大，近长方形，末端细尖具粗颗粒；足绿褐色。

生　活　史 | 不详。

生活习性 | 不详。

●防治方法

（1）在若虫盛发期用喷雾器向若虫聚集的部位喷洒清水冲掉白色絮状物杀死若虫。

（2）应用天敌昆虫来防治，天敌主要有捕食性天敌和寄生性天敌，包括寄生若虫的寄生蜂，捕食卵和若虫的大草蛉、中华草蛉、绿姬蛉、深山姬蛉，以及食蚜蝇、赤星瓢虫、姬赤星瓢虫、黄条瓢虫等。

（3）第1代成虫的羽化期，可喷施吡虫啉、阿维菌素、苦烟乳油进行防治。

（4）在若虫初龄期或大发生期用阿维菌素、吡虫啉与高效氯氰菊酯混合液进行注干防治。

成虫

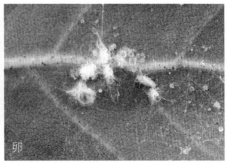
卵

若虫

为害症状

咖啡木蠹蛾

● ● ● ● ● ● ● ● ●

拉丁学名：*Zeuzera coffeae*
别　　名：咖啡豹蠹蛾、棉茎木蠹蛾
分类地位：鳞翅目 Lepidoptera 木蠹蛾科 Cossidae 豹蠹蛾属 *Zeuzera*
寄主植物：寄主广泛，包括24科50多种植物。红树林内主要为害无瓣海桑、桐花树、秋茄树等。
分布地区：分布于我国华南、西南、华东、华中等地及台湾，在广东湛江、中山、深圳红树林区域有发现。

成虫

为害症状｜幼虫为害树干和枝条，致被害处以上部位黄化枯死，或易受大风折断。初孵幼虫蛀食叶脉、叶柄和嫩梢，1周后嫩梢与叶片呈现青枯，起初沿木质部与皮层间环蛀一周；再钻蛀髓心，被害枝梢枯死，并出现数量不等的圆形排粪孔；随后从蛀道内爬出，扩散转蛀当年生的嫩梢，每梢多为1条幼虫；也有少数幼虫沿叶柄直接蛀入新梢，转蛀定居2年生枝条，严重影响植株生长和产量。

形态特征｜**成虫**：体长11.0～26.0毫米，翅展25.0～58.0毫米，雄虫比雌虫小，全体灰白色。雌虫触角丝状，雄虫触角基半部羽毛状，端半部丝状。头胸部覆盖灰白色鳞片，胸背面排列2行共3对青蓝色圆斑，两侧各有1个圆斑；腿节灰白色，胫节和爪黑色；翅灰白色，脉间密布大小不等的蓝黑色短斜纹，后翅外缘有8个近圆形的蓝黑色斑点；腹部粗大，第3～7腹节各有8个青蓝色斑点组成的横带，腹部腹面青蓝色斑点不明显。

卵：钝椭圆形，长0.7～0.9毫米，初产时为淡黄色，孵化前变为棕褐色或淡紫红色。

幼虫：初孵幼虫紫红色，体长1.5～2.0毫米，老熟幼虫淡橙红色，体长20.0～35.0毫米。头部梨形、黄褐色。胸部及第8腹节后部橘黄色，前胸背板黑色，骨化，中央有条纵向的黄色细线，后缘密生成排的黑色细齿突。中胸至腹部各节有横列的黑褐色瘤粒状突起，突起上着生1根白毛；臀板黑褐色，着生许多白色长毛。腹部趾沟双序环状，臀足单序横带。

蛹：长筒形，红褐色，长17.0～30.0毫米。头部端部有1个黑色前伸刺突，腹部第3～9节有小刺列，腹部末端有6对臀棘。

生　活　史｜在福建莆田1年发生2代，老熟幼虫于11月上旬在被害枝条蛀

道内越冬。翌年3月上旬越冬幼虫开始活动取食，4月中旬停止取食开始化蛹，4月下旬为化蛹盛期，5月中下旬成虫羽化、交尾、产卵，6月为第1代幼虫高峰期，8月第1代幼虫化蛹，10月出现第2代幼虫高峰期。

生活习性 | 成虫羽化都在晚间进行，18:00—20:00为高峰，成虫昼伏夜出，有趋光性，羽化当晚就可进行交配，24:00至翌日2:00为高峰。交配后当晚就可产卵，成虫将卵产在树冠中上部主干或侧枝的皮层缝隙内，呈块状或粒状。初孵幼虫群集卵块上方取食卵壳，之后爬到枝干上吐丝下垂到叶片和新梢上，自树梢上方的腋芽蛀入，经过1天后又转移为害较粗的枝条，幼虫蛀入时先在皮下横向环蛀一圈，然后钻成横向同心圆形的坑道，沿木质部向上蛀食；粪便大小与虫龄有关，初孵幼虫粪便为粉末状，黄白色，3龄后幼虫粪便为圆柱形，黄褐色至黑褐色。老熟幼虫化蛹前，吐丝缀合碎屑，并用虫粪堵塞两端孔口，然后在隧道中化蛹。

●**防治方法**

（1）在成虫盛发期，利用成虫对光及糖、酒、醋有趋性，设置黑光灯，内加糖、酒、醋液诱杀成虫。

（2）保护和利用天敌，如小茧蜂、黄蜂、黑蜂、蚂蚁和寄生蝇等。

（3）打孔注药。在主干、主枝基部用电钻斜向下打孔至树径约1/3处，注入吡虫啉和灭幼脲Ⅲ号后用黄泥封口。5—6月，在蛀孔附近喷拟除虫菊酯类农药，触杀外出幼虫。

（4）药液涂干。卵期将吡虫啉、煤油（或柴油）按1∶20的比例配成药液涂抹在有虫粪的树干部位，形成20厘米宽的药环，涂后用塑料薄膜包扎，1周后揭开再涂1次，防止卵、幼虫侵入，杀灭初孵幼虫。

（5）树盘灌药。配合灌水，在树盘四周挖穴围堰，用吡虫啉乳油灌根，毒杀蛀道内的幼虫。

（6）树冠喷药。幼虫孵化期，用吡虫啉或绿色威雷喷树冠、树干、大枝基部，杀死成虫、初孵幼虫，每隔7～10天喷1次，连喷2～3次。

幼虫

蛹

羽化孔

无瓣海桑白钩蛾

拉丁学名：*Ditrigona* sp.

分类地位：鳞翅目 Lepidoptera 钩蛾科 Drepanidae 白钩蛾属 *Ditrigona*

寄主植物：无瓣海桑。

分布地区：主要分布在广东沿海红树林区域。

为害症状 | 在无瓣海桑局部发生，以幼虫为害叶片。初孵幼虫啃食树叶使之呈网状；1龄幼虫食叶呈缺刻状；2～3龄幼虫食量剧增，暴食全叶仅留叶柄和叶脉，暴发时受害株叶片损失2/3以上。

形态特征 | 成虫：体长6.0～8.0毫米，翅展20.0～25.0毫米。体灰白色；头胸部灰色；前翅灰色，有3条灰褐色斜纹线，中间1条较明显，中室端有2个灰白色小圆点，顶角向外突出，端部有一眼状斑；后翅浅灰色，中室端有2个不太明显的小黑点，但在翅的反面清晰可见。

卵：长圆形，长0.7～0.8毫米。初产时淡黄色，约1小时后变为淡红色，近孵化时为红褐色，卵上有1条深红色线。

幼虫：初孵时体长2.0毫米，1龄幼虫体长3.0～5.0毫米，2龄幼虫体长5.0～8.0毫米，3龄幼虫体长7.0～13.0毫米。初孵幼虫体棕红色，2～3龄幼虫头部棕褐色，体棕色或棕褐色。头胸间盾板上有2块黄色小斑，背部两侧各有8个

69

成虫

外缘黑色、内缘黄色的圆点；腹部两侧各生12撮黑毛，腹足4对；尾部有3个小黄点，尾端有臀刺1根。

蛹：长椭圆形，长5.0～7.0毫米，初蛹淡红色，后变棕色。蛹体被一层白粉，尾端有1根臀刺，近孵化时为棕褐色。

幼虫

生活史 | 在广西1年发生5代，以蛹越冬，翌年5月下旬羽化，成虫交配产卵于无瓣海桑叶缘锯齿上。幼虫为害期分别为6月、7月、8月、9月上中旬，11下旬幼虫老熟化蛹越冬。成虫期雌虫寿命4天，雄虫寿命3天，卵期6～7天，幼虫期3龄共10天，预蛹期5～6小时，蛹期6～9天。

生活习性 | 羽化时间以清晨居多，羽化后多数在林间地面杂草叶上活动或隐伏在杂草中，羽化后2天左右在地面杂草叶上交配，时间达6～7小时。成虫有较强的趋光性，交配后雄虫随即死亡。雌虫飞到健康或受害轻的树上产卵，卵产在叶缘锯齿上，每头产卵18～28粒，雌虫产完卵15～20小时后死亡。孵化时间多在5:00—7:00或17:00—18:00，卵孵化时红褐色。幼虫有吐丝下垂的习性，在9:00前下垂较多，随风飘荡到另一健康或受害轻的树上继续取食，3龄老熟幼虫1～3代多数挂丝。

●**防治方法**

可在各代幼虫发生盛期喷洒生物农药进行防治。

豹尺蛾

拉丁学名：*Dysphania militaris*

别　　名：褐豹尺蠖

分类地位：鳞翅目Lepidoptera尺蛾科Geometridae豹尺蛾属*Dysphania*

寄主植物：相思子、鸭脚木，红树林内为害秋茄树。

分布地区：广东、广西、海南、云南和香港。

成虫

为害症状｜幼虫食叶成缺刻，虫害严重时大量食叶，影响植株生长发育。

形态特征｜**成虫：**翅展72.0～80.0毫米，身体杏黄色间紫蓝色斑纹。前翅有1枚长方形黑斑，狭长，端部蓝紫色，有2行粉灰色点呈半透明状，内半部杏黄色，有"E"形紫蓝色纹，翅基有坑；后翅杏黄色间紫蓝色斑，中室及其下各具1个大圆斑，翅端有2条不规则的蓝紫色带，翅基蓝紫色。胸部杏黄色，节间横条紫蓝色。

卵：长1.14～1.20毫米，宽0.91～1.03毫米，高0.72～0.88毫米。初产卵浅黄色，短椭圆形，中部稍凹陷；后期卵底部逐渐出现红色，其边缘斑点状，卵周有红色带环绕，孵化前灰黑色。

幼虫：初孵幼虫褐色。2龄幼虫体色转黄。3龄后体腹节背面开始出现斑点，并随虫龄增长斑点逐渐增多。6龄幼虫体长50.0～60.0毫米，虫体黄色全橙黄色；背线和气门线蓝绿色，背线较宽，具大小和形状不一的黑色斑点，气门线具排列较密的黑色斑点；气门长椭圆形，气门筛灰黑色，围气门片黑色；臀节色较深，无色带和斑点；腹足齿钩为双序中带。

蛹：长25.0～29.0毫米，宽8.0～9.0毫米。初蛹浅黄色，后变灰棕色至暗棕色；体前端略呈斜截形；头部有眼形斑，胸部和腹部有分散的黑褐色斑点；

气门黑褐色，腹末节前缘呈锯齿状稍隆起的黑褐色环带；臀棘8枚，平列，臀棘前部钩状，较柔软，黄褐色。

生 活 史 | 在广州1年发生3代，以蛹越冬，世代重叠。2月下旬至3月上旬越冬代成虫出现；3月为第1代幼虫为害期；4月中下旬第1代成虫出现；4月中旬至5月为第2代幼虫为害期；5月中下旬第2代成虫出现；5月中旬至6月中旬为第3代幼虫为害期。成虫寿命11～17天，幼虫共6龄，蛹期10～17天。

生活习性 | 成虫白天飞行，行动缓慢，有气味，鸟类不食；晚间交尾产卵，卵单粒散产，多半产在叶片正面，由单粒至多粒聚在一起。初孵幼虫歇息时以第6腹足及臀足固定身体于枝梗和叶片上，前体大半部分卷曲；2龄幼虫通常吐丝悬挂于枝叶上，随风飘散转移并开始取食叶片，造成缺刻；3龄后食量逐渐增加，从叶尖或叶缘向内取食，严重时把整叶和嫩枝吃光。幼虫受惊扰时往往将前体成一定角度竖起，胸部收缩呈拳状。幼虫老熟后吐丝造成不封闭的叶卷并在其内化蛹。

● **防治方法**————————————————————————

（1）保护和利用天敌，卵期天敌有寄生蜂。

（2）使用菊酯类农药、苏云金杆菌或阿维菌素喷杀幼虫。

72

幼虫

蛹

油桐尺蛾

拉丁学名：*Buzura suppressaria*

别　　名：油桐尺蠖、桉尺蛾、大尺蛾、量步虫、量尺虫、拱背虫、柴棍虫

分类地位：鳞翅目 Lepidoptera 尺蛾科 Geometridae 桐尺蛾属 *Buzura*

寄主植物：寄主广泛，主要为害油桐、桉树等30多种植物，红树林内主要为害水黄皮及其他伴生植物。

分布地区：江苏、安徽、浙江、福建、湖南、湖北、江西、广东、广西、四川、贵州、陕西、河南、上海、海南、云南、台湾、香港。

为害症状 | 幼虫嚼食叶片呈缺刻状或吃食全叶，常使枝条光秃，亦能啃食嫩枝皮层和果实。初孵幼虫仅食下表皮及叶肉，不食叶脉，食口呈针孔大小的凹穴，上表皮失水退绿，日久破裂成洞；2龄幼虫取食叶缘，形成小缺裂，留下细叶脉；5龄幼虫食量显著增加，取食叶片，仅留侧脉及主脉基部；6龄幼虫食全叶，仅留主脉基部。食性较广，当叶被食完后，即下地面取食灌木、杂草。大发生时可将成片阔叶树的叶片吃光，影响树木生长与结实，严重时整株枯死。

形态特征 | 成虫：雌虫体长22.0～25.0毫米，翅展52.0～65.0毫米，体灰白色，触角丝状，胸部密被灰色细毛；前翅外缘为波状缺刻，缘毛具黄色基线，中线和亚外缘线为黄褐色波状纹；翅面的色泽为灰白色到黑褐色；翅反面灰白色，中央有一黑褐色斑点；后翅色泽及斑纹与前翅相同；腹部肥大，末端有成簇黄毛。雄虫体长17.0～21.0毫米，翅展52.0～56.0毫米；触角双栉状；体、翅色纹大部分与雌虫相同；腹部瘦小。

卵：圆形，直径0.7～0.8毫米，初产卵粒青绿色或淡黄色，即将孵化时呈黑褐色。聚集成堆，上面覆盖黄褐色绒毛。

幼虫：共6龄。初孵幼虫个体纤细，体长2.0～4.0毫米，灰褐色；2龄为淡绿色；3龄为青绿色或黄绿色，虫体分节明显；4龄以后幼虫体色则随环境不同而异，有青绿、灰绿、深褐、灰褐、麻绿等色。头部密布棕色颗粒状小点，头顶中央凹陷，两侧呈角状突起。前胸背面有2个小突起，第8节背面微突，气门紫红色。

蛹：雌蛹长26.0毫米，雄蛹长19.0毫米。圆锥形，黑褐色。身体前端有2个齿片状突起，翅芽伸达第4腹节。臀棘明显，基部膨大突起2个，端部针状。

生　活　史 | 在广东1年发生3～4代，以蛹在树干周围10.0～50.0厘米处深入表土3厘米越冬。在江西南昌于翌年4月开始羽化，交尾产卵，卵期7～15天，5—6月为第1代幼虫发生期，为害最为严重。幼虫共6龄，幼虫期30天左右，蛹期20天左右，成虫寿命6～10天。

生活习性 ┃ 孵化后四处爬行，吐丝下垂，随风飘散。成虫有趋光性，白天不活动，多静伏于枝干上与杂草丛中。喜产卵于树缝内，每个雌虫可产卵数百至千余粒。初孵幼虫有趋光性，爬行取食。停食时，幼虫腹足紧抱树叶或枝，虫体直立，状如枯枝。

●**防治方法**

（1）利用成虫的趋光性，挂置黑光灯诱杀成虫。

（2）放置黄色粘虫板诱杀成虫和老熟幼虫。

（3）保护和利用天敌，如黑卵蜂、尺蠖强姬蜂等。

（4）利用病原微生物进行防治，用白僵菌或苏云金杆菌防治幼虫。

（5）使用阿维菌素、氰戊菊酯或溴氰菊酯喷雾防治幼虫。

（6）柴油中加入氰戊菊酯喷雾防治幼虫。

成虫

幼虫

大造桥虫

拉丁学名：*Ascotis selenaria*

分类地位：鳞翅目 Lepidoptera 尺蛾科 Geometridae 造桥虫属 *Ascotis*

寄主植物：食性非常广泛，幼虫对水杉、落羽杉、木槿、刺槐等林木和多种作物造成的危害甚重，红树林内取食无瓣海桑。

分布地区：我国东北、华北、华中、华东等地，在广东湛江高桥红树林区域有发现。

为害症状｜幼虫啃食植株芽、叶及嫩茎。低龄幼虫先从植株中下部开始，取食嫩叶叶肉，留下表皮，形成透明点；3龄幼虫多食叶肉，沿叶脉或叶缘咬成孔洞缺刻；4龄后进入暴食期，转移到植株中上部叶片，食害全叶，使枝叶破烂不堪，甚至被吃成光杆。

形态特征｜**成虫**：体长15.0～20.0毫米，翅展26.0～48.0毫米。头部棕褐色，下唇须灰褐色，复眼黑褐色，雌虫触角暗灰色鞭状，雄虫触角淡黄色双栉齿状；体色变异很大，一般为淡灰褐色，散布黑褐色或淡色鳞片；胸部背面两侧被灰白色长毛，各节背面有1对较小的黑褐色斑；前翅灰褐色，外缘线由8个半月形点列组成，亚缘线、外横线、内横线为黑褐色波纹状，中横线较模糊；后翅颜色、斑纹与前翅相同，并有条纹与前翅相对应连接。雄虫腹部较细瘦，可见末端抱握器上的长毛簇；雌虫腹末呈圆筒形，密被黄色毛丛。

卵：长椭圆形，长0.65～1.70毫米，表面具纵向排列的花纹，初产时青绿色，孵化前灰白色。

幼虫：低龄幼虫灰褐色，后期逐渐变为青白色；老熟幼虫多为灰黄色或黄绿色，体长可达38.0～56.0毫米，头黄褐色至褐绿色，头顶两侧有黑点1对。背线青绿色，基线及腹线淡褐色或紫褐色，体节间线黄色。腹部第2节背中央近前缘处有黑褐色长形斑和1对深黄褐色瘤突。胸足褐色、3对，腹足和尾足各1对，生于第6、第10腹节，行走时身体呈桥状弓起。

蛹：长12.0～22.0毫米，纺锤形。深褐色，有光泽，第5腹节两侧前缘各有1个长条形凹陷，尾端尖，臀棘2根。

生活史｜在长江流域1年发生4～5代；在福建南平1年发生5代；在广西、广东南部1年发生5～6代。以蛹在松土中越冬，翌年3月上旬成虫开始羽化，第1代幼虫发生在4月

成虫

75

中旬至5月中上旬，第2代发生在6月中下旬，第3代发生在7月中下旬，第4代发生在8月中下旬，第5代发生在9月中旬至10月上旬，第6代发生在10月下旬至12月。幼虫共6龄，少数5龄，各虫态发育历期受温度和湿度影响比较大。卵期3～9天，幼虫期16～43天，蛹期越冬代127～142天，成虫期6～13天。

生活习性 | 成虫白天展翅紧贴于树干2.5米以下部位，夜间活动，趋光性和飞行能力较强，成虫羽化后1～3天开始交配，交尾多在20:00至翌日黎明。卵粒多产于树皮裂缝内，成堆，5～9天后开始孵化，多在清晨。初孵幼虫有聚集性，活动能力较强，爬行或缀丝随风飘移，低龄幼虫取食叶肉和叶缘；3龄后分散取食；6龄幼虫食量最大。幼虫不活动时停止于植物上形似枝条，行走时曲腹如拱桥。老熟幼虫沿树干爬下或坠落地面，钻入土缝或松土中化蛹，身体缩短，体色变为深绿色。预蛹期2～4天。

●防治方法

（1）人工查找土隙、树干、枝杈等处卵块，用小刀刮除卵块。

（2）利用成虫具有趋光性的特点，在林地边缘或林内空隙处悬挂黑光灯或频振式杀虫灯诱杀成虫。

（3）利用自然天敌控制虫口数量，其主要天敌有麻雀、大山雀、螟蛉绒茧蜂、中华大刀螂、二点螳螂及一些寄生蜂等。

（4）选用阿维菌素、苏云金杆菌和除虫菊素喷雾防治3龄前的幼虫。

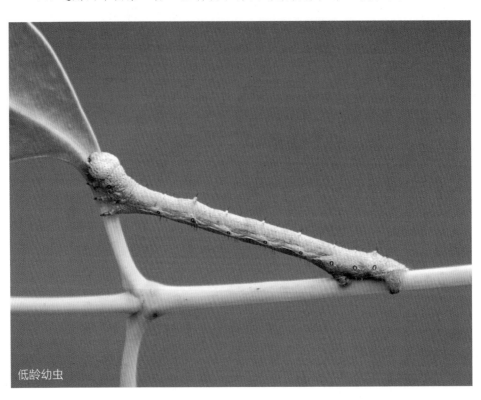

低龄幼虫

预蛹

蛹

大钩翅尺蛾

拉丁学名： *Hyposidra talaca*
别　　名： 大钩尺蛾、柑橘尺蛾
分类地位： 鳞翅目Lepidoptera尺蛾科Geometridae钩翅尺蛾属*Hyposidra*
寄主植物： 黑荆树、柑橘、荔枝、龙眼，红树林内为害桐花树、海桑。
分布地区： 福建、海南、贵州、广东。

为害症状 | 主要以幼虫为害。1～2龄幼虫只啃食羽叶表皮或叶缘，使叶片呈缺刻状或穿孔；3龄以上幼虫可食整个叶片，还取食嫩梢，常将叶片吃光，仅留秃枝。幼虫8:00—11:00、16:00—19:00、22:00—24:00取食频繁。

形态特征 | **成虫：** 雌虫体长16.0～24.0毫米，翅展38.0～56.0毫米；雄虫体长12.0～18.0毫米，翅展28.0～38.0毫米。雌虫触角线状，雄虫触角羽毛状；复眼圆球形，黑褐色；体和翅黄褐色至灰紫黑色。前翅顶角外突呈钩状，后翅外缘中部有弱小突角，翅面斑纹较翅色略深，前翅内线纤细，在中室内弯曲；中线至外线为一深色宽带，外缘锯齿状，亚缘线处残留少量不规则小斑，后翅中线至外线同前翅，但通常较弱；前后翅中点微小而模糊；翅反面灰白色，斑纹同正面，通常较正面清晰。

卵： 椭圆形，长0.72～0.84毫米，宽0.46～0.54毫米。卵壳表面有许多排列整齐的小颗粒。初产卵为青绿色，2天后为橘黄色，3天后渐变为紫红色，近孵化时为黑褐色。

幼虫： 刚蜕皮后的幼虫前胸盾、臀足呈淡绿色；老熟幼虫体长41.0毫米，头、体暗黄绿色杂以黑褐色斑纹；第1腹节气门周围有3个白色斑；第2～7腹

幼虫

节各有1条点状白色横线；胸足红褐色；腹足与虫体同色；化蛹前虫体缢缩，渐为淡绿色，节间白点模糊或消失。

蛹：纺锤形，长15.0毫米，宽4.0毫米。臀棘尖细，端部分为二叉，基部两侧各有1枚刺状突；初为青绿色，臀棘为淡褐色，6～8小时后蛹体全变为褐色。

生 活 史 │ 在福建漳州华安1年发生5代，林间世代重叠。以蛹在土中越冬，翌年3月中旬成虫开始羽化，第1～5代幼虫分别于3月下旬、5月中旬、7月上旬、8月下旬和10月中旬孵出，11月下旬老熟幼虫陆续下地入土化蛹并开始越冬。卵期4～9天，幼虫共5龄，预蛹期2～3天。

生活习性 │ 成虫多在傍晚至夜间羽化，19:00—20:30为羽化盛期。成虫飞翔能力较强，趋光性中等；交尾多在羽化后的翌日3:00—5:00，一生交尾1次。多在19:00—22:00产卵，卵堆产，多产在嫩梢或羽叶上，个别产在树皮裂缝里。幼虫多在19:00—22:00孵出，初孵幼虫爬行迅速，受惊扰即吐丝下垂，2～3小时后即行觅食，幼虫在枝条或羽叶背面避阴；蜕皮多在1:00—10:00，前1天停食静止，蜕皮历程3～6分钟；刚蜕皮幼虫多静伏不动，经35～45分钟后即活动取食，将旧表皮吃掉，留下头壳；老熟幼虫吐丝下垂或经树干爬至地表寻找松土层或土缝隙处钻入，吐丝咬碎土粒作蛹室化蛹，化蛹历程9～13分钟。

●**防治方法**————————————————————————————

（1）雨季喷白僵菌或放粉炮，结合幼林抚育进行人工捕杀幼虫和松土灭蛹。

（2）保护和利用天敌，幼虫期天敌有松毛虫绒茧蜂、蠋蝽、锥盾菱猎蝽、螳螂等。

（3）大发生时，应用氰戊菊酯、溴氰菊酯进行喷雾防治。

79

蛹

预蛹

为害症状

粗胫翠尺蛾

● ● ● ● ● ● ●

拉丁学名：*Thalassodes immissaria*

别　　名：粗胫翠尺蛾、渺樟翠尺蛾

分类地位：鳞翅目 Lepidoptera 尺蛾科 Geometridae 樟翠尺蛾属 *Thalassodes*

寄主植物：多食性害虫，主要为害荔枝、龙眼，红树林内为害银叶树。

分布地区：广东、广西、福建、海南。

为害症状｜幼虫取食嫩芽、嫩梢、花穗及幼果，造成叶片残缺，减少光合面积，虫口密度大时可把整株嫩叶、嫩芽吃光。

形态特征｜成虫：体长18.0～20.0毫米，翅展30.0～34.0毫米，静息时平展四翅。翅、胸部和腹部呈淡绿色或翠绿色。前后翅布满白色细纹，各有白色横线2条，缘毛淡黄色，前翅外缘、后翅外缘和内缘具黑色刻点。胸部背面具绿色绒毛。雌虫触角丝状，雄虫触角羽状。雌虫腹部末端圆筒形，产卵器无绒毛覆盖；雄虫腹部末端较尖，抱握器清晰可见。

卵：圆柱形，直径0.6～0.7毫米，高0.3毫米。卵初产为粉褐色，孵化前为深红色。

幼虫：仅有2对腹足，臀足发达，头顶两侧有角状隆起，后缘呈"八"字形沟纹状。幼虫爬行时虫体一伸一曲，呈桥形；静息时，臀足握持枝条，胸部、腹部斜立，形态极似寄主枝梢。初孵幼虫淡黄色，细如发丝，形如寄主新发幼芽，体长约3毫米，背中线明显，呈红褐色。幼虫3龄后体色变为青绿色，背中线颜色逐渐变浅，形似寄主新抽细梢。5龄幼虫体色随附着枝条颜色而异，有灰绿色、青绿色、灰褐色和深褐色等，形似寄主细枝，背中线逐渐消失，体长2.8～3.2毫米。幼虫老熟后吐丝使腹部末端附着在叶片上，虫体缩短，不食不动，进入预蛹状态，体长2.2～2.4毫米。

蛹：纺锤形，体长1.7～2.2毫米，初蛹粉灰色，后逐渐变为褐色，近羽化时翅芽呈墨绿色，清晰可见。臀棘具钩刺8枚。

生活史｜在广东1年可发生7～8代。一般以幼虫在地面草丛、树冠和叶间等地方越冬，越冬代成虫于3月中下旬羽化，第1代幼虫4月为害春梢及花穗，以后30～45天完成1个世代，第3代以后世代重叠，11月上旬至12月中旬进入越冬期。

成虫

生活习性 | 多在夜间羽化，羽化当晚交尾，交尾后2～3天产卵。卵散产，可产于嫩芽、嫩叶、嫩枝和老叶上，以嫩叶叶尖和叶缘产卵最多。幼虫分5龄，孵化后从叶缘开始取食，3龄以前造成叶片缺刻，4龄后幼虫取食量剧增，进入暴食期。幼虫老熟后吐丝缀连相邻的叶片呈苞状，在其中化蛹，并以腹部末端附着在吐出的丝上。

●**防治方法**——————————————————————————————————————

（1）成虫发生期用灯光诱杀，使用黑光灯诱杀效果更好。

（2）保护和利用天敌，尺蛾类害虫天敌较多，应尽力保护并利用其各类捕食性和寄生性天敌，尤其在采用化学药剂防治时更应注意。

（3）在低龄幼虫阶段可喷洒苏云金杆菌或尺蛾多角体病毒进行防治。

（4）在气候条件适宜时，也可喷洒白僵菌。

（5）用灭幼脲Ⅲ号，或用森得保喷雾（也可加入中性载体喷粉），还可用苦参碱进行防治。

栗黄枯叶蛾

拉丁学名：*Trabala vishnou*
别　　名：青枯叶蛾、栎黄枯叶蛾、绿黄枯叶蛾、绿黄毛虫
分类地位：鳞翅目 Lepidoptera 枯叶蛾科 Lasiocampidae 黄枯叶蛾属 *Trabala*
寄主植物：寄主广泛，为害40多种植物，红树林内主要为害无瓣海桑。
分布地区：广东、海南、福建、江西、浙江、云南、四川、山西、陕西、河南、台湾、香港。

为害症状 │ 幼虫取食较嫩叶片，被食部位出现圆形或椭圆形孔洞或缺刻。低龄幼虫食量小，群集于叶背取食叶肉，残留叶表皮，或是在树梢顶部取食嫩叶，且多从叶片边缘取食，叶片受害后常在边缘形成不同形状的缺刻；4龄幼虫食量大增，开始分散取食；5龄幼虫自叶缘开始大量蚕食叶片，形成缺刻或常将叶片全部吃光，残留叶柄，严重影响树木生长、开花、结果，使枝条枯萎或整枝枯死。

成虫（雄）

83

成虫（雌）

形态特征｜成虫：雌雄异型。口器退化，羽状触角。雌虫体长3.0厘米，体毛黄色，尾毛黄色且浓密；翅黄色，前翅内侧近内缘处有一长约1.0厘米的椭圆形褐色斑，该斑点外有一直径约2.0毫米的黑色或白色斑点。雄虫体长2.5厘米，体毛青绿色，具白色条纹；触角双栉状，较发达。

卵：球形，直径约1.0毫米，初始为乳白色，孵化前变为铅灰色。成虫多产卵于树枝、树叶正面或背面。卵粒双行并排，上面由类似幼虫体表的丝状长毛包裹，远处观察时外形似幼虫。

幼虫：共6龄。1龄幼虫具有群居性，孵化初期以取食卵壳为主；通过5龄、6龄幼虫的外表体毛颜色可区分出雌虫和雄虫，雌虫为紫色或黄褐色，雄虫为白色。头为黄色，头上具有对称的褐色斑纹；前胸前缘两侧各有一较大的黑色瘤突，瘤突上有1束黑色长毛。

蛹：被蛹，椭圆形，褐色。蛹长25.0～30.0毫米，雌蛹比雄蛹略大，雌蛹为黄色或紫色，雄蛹为白色。

茧：侧面观察为马鞍形，茧后端具有1条裂缝，黄褐色，覆毛。

生 活 史｜在山西、陕西、河南1年发生1代，以卵越冬。幼虫期80～90天，共7龄，7月开始老熟，蛹期9～20天，7月下旬至8月羽化。成虫发生于4—5月和6—9月。广州1年可发生3～4代，最末1代在11月上旬出现；台湾1年发生4代；海南1年发生5代，无越冬蛰伏现象。成虫寿命6～8天，卵期7～8天，蛹期17～28天。

生活习性｜成虫夜间羽化，高峰期为17:00—23:00，白天一般静伏在叶片背面或者较粗大的树枝、树干上，夜间活动，具有趋光性；羽化后当晚便可交尾，一般在交尾后的翌日晚上开始产卵，也有部分雌虫在交配当晚即开始产卵。雌虫昼夜均可产卵，但以夜间居多，不需要补充营养；卵产于树枝或叶片上，叶片居多，呈两行排列，每行数十粒；卵全天均可孵化，以晚上居多。初孵幼虫先聚集在卵壳周围取食部分卵壳，后开始爬行，寻找嫩叶，爬至树梢顶端新叶处取食叶肉；1～3龄幼虫具有聚集栖息性和聚集取食性，不取食时头部向内相对呈辐射状排成一圈，或头部同时朝同一方向平行俯卧在寄主植物叶片上；8月上旬老熟幼虫在枝条或者叶片正面主脉之处结茧化蛹。

●**防治方法**

（1）采用黑光灯诱捕成虫。

（2）保护和利用寄生性天敌寄生蝇来进行防控。

（3）利用生物药剂，如球孢白僵菌、绿僵菌、棉铃虫核型多角体病毒和藜芦碱进行防治。

（4）使用甲维盐、高效氯氟氰菊酯、氯虫·高氯氟和桉油精，每15天喷杀1次，连续喷杀3次。

老熟幼虫（雌）

低龄幼虫

老熟幼虫（雄）

卵

蛹

茧

扁刺蛾

●●●●●●●

拉丁学名：*Thosea sinensis*
别　　名：黑点刺蛾、洋辣子、八角钉
分类地位：鳞翅目Lepidoptera刺蛾科Limacodidae扁刺蛾属*Thosea*
寄主植物：寄主植物有30科40余种，红树林内主要为害无瓣海桑、海桑等。
分布地区：我国华东、中南、华北、东北等地均有分布，在广东珠海淇澳岛、广州南沙红树林区域有发现。

为害症状｜以幼虫为害。初孵幼虫从叶片正面转移到叶片背面为害；1～3龄幼虫喜食新叶，嚼食叶肉，留下一层上表皮，形成透明枯斑；4～6龄幼虫不分老、嫩叶，自叶尖向下蚕食，不留表皮，缺刻平直似刀切，严重时将叶片吃光，残留叶柄。

形态特征｜成虫：体长10.0～18.0毫米，翅展25.0～35.0毫米；体、翅灰褐色，后翅颜色较淡。前翅2/3处有1条褐色横带，雄虫前翅中央有1个黑点。前后翅的外缘有刚毛。触角丝状。

卵：长椭圆形，淡黄绿色，随着卵的发育颜色逐渐变深，孵化前转为暗褐色，长约1.1毫米。

幼虫：体长22.0～35.0毫米，淡鲜绿色，扁椭圆形，两侧扁平，中央稍隆起，形似龟甲状。背线白色，边缘蓝白色。第4节背部两侧各有一红点。虫体两侧边缘有瘤状突起，瘤上有长刺毛。各节背上有两丛小刺毛。

茧：钙质，硬而脆，灰褐色，长14.0～15.0毫米。

蛹：匿于茧中，长椭圆形，灰白色，羽化前转褐色。

生活史｜在河北、陕西、云南等地1年发生1代；在安徽、江西南昌1年发生2代。以幼虫越冬。其越冬幼虫于4月中旬化蛹，5月中旬至6月初羽化。两代幼虫为害期分别在5月下旬至8月上旬、8月中旬至10月下旬。

生活习性｜以老熟幼虫在根茎周围表土中结茧越冬，蛹多在黄昏时羽化，以18:00—20:00羽化最盛，成虫具有趋光性，羽化后即交尾产卵；卵多数散产于叶片正面。1龄幼虫停留在卵壳附近先食卵壳，然后才开始取食叶片；老熟幼虫常在夜晚爬下树并入土结茧，在2:00—4:00下树的最多。

●**防治方法**

（1）灯光诱杀成虫，扁刺蛾具有强烈的趋光习性，成虫期用频振式杀虫灯诱杀成虫。

（2）幼虫期喷施扁刺蛾核型多角体病毒进行防治。

（3）喷施拟青霉。

（4）将核型多角体病毒与拟青霉等量混合后喷施。

幼虫

长须刺蛾

● ● ● ● ● ●

拉丁学名： *Hyphorma* sp.

分类地位： 鳞翅目 Lepidoptera 刺蛾科 Limacodidae 长须刺蛾属 *Hyphorma*

寄主植物： 枫香、油桐、茶、油茶、樱花等，红树林内为害无瓣海桑。

分布地区： 我国华北地区，以及浙江、江西、河南、湖北、湖南、福建、广东、广西、海南、四川、贵州，云南、甘肃等地。

为害症状 | 幼虫取食林木叶片，多为杂食性，严重时吃光寄主叶片，影响林木生长和景观效果。

形态特征 | **成虫：** 雌虫翅展28.0～45.0毫米，雄虫翅展约34.0毫米。下唇须长，向上伸过头顶，暗红褐色；胸背、腹背基毛簇红棕色；前翅茶褐色具丝质光泽，2条黑褐色带在顶角处伸出，内面条带呈直线伸至中室下角，外面条带内曲伸至臀角；后翅淡褐色。

幼虫： 老熟幼虫体长25.0～41.0毫米，体宽6.0～7.0毫米，长方形，黄绿色，前胸鲜红色。头浅黄褐色，背线黄白色，具玉绿色宽边，亚背线黄色，下方衬绿色与黄色的窄边；体侧黄绿色略透明。体枝刺丛发达，前胸、中胸背面和侧面各有1对枝刺；后胸背面具1对枝刺，侧面具1对浅灰色小毛瘤；第1～5腹节侧面枝刺各1对，第6～8腹节背面和侧面枝刺各1对；中后胸及第6～7腹节背面的枝刺较长，黄色，枝刺端部为黑色圆球形；其余枝刺较短、颜色较浅，略透明；腹侧枝刺端部为黑色米粒状。中后胸背面分布靛蓝色的斑纹。

蛹： 短柱形，两端稍平，灰褐色，大小约9.0毫米×6.0毫米。

生活史 | 尚未见详细的生物学特性报道。在福州7—8月可见幼虫，8月中下旬结茧化蛹，9月中下旬成虫羽化；在广西1年发生2代，老熟幼虫于土中结茧越冬。

生活习性 | 幼虫具有群集性，在叶背取食、栖息。老熟幼虫食量大，结茧化蛹前体色鲜亮、透明状。成虫在晚上羽化，停息时中后足支撑起身体，使得头胸部斜向上高高扬起，整体呈三角形。

● **防治方法**

（1）灯光诱杀，成虫具较强的趋光性，可在成虫羽化盛期的晚上用灯光诱杀。

（2）施放球孢白僵菌，可在雨湿条件下防治低龄幼虫。

（3）可喷洒长须刺蛾核型多角体病毒进行防治。

（4）保护和利用天敌，主要天敌有姬蜂、小蜂、绒茧蜂、寄蝇、猎蝽、螳螂、蛹期寄生蝇等。

（5）暴发成灾时，在3龄幼虫之前选用鱼藤酮喷施，连用2次，间隔7～10天。

幼虫

丽绿刺蛾

拉丁学名：*Latoia lepida*

别　　名：绿刺蛾

分类地位：鳞翅目 Lepidoptera 刺蛾科 Limacodidae 绿刺蛾属 *Latoia*

寄主植物：主要为害红树林内红树科的秋茄树和紫金牛科的桐花树。

分布地区：河北、黑龙江、贵州、四川、云南、江西、浙江、江苏、台湾、广东、广西、海南等地。

为害症状 幼虫取食叶片呈孔洞、不规则缺刻，严重时可将叶片吃光，仅剩叶柄和叶脉，造成树势衰弱，影响果实的质量和产量。1～4龄幼虫仅取食叶背表皮及叶肉，被害叶由于仅留上表皮而成为白色斑块或全叶枯白；5龄时开始取食全叶。其幼虫体表的刺毛接触到皮肤后会产生剧痛、红肿甚至过敏，对人类造成很大的威胁。

形态特征 **成虫：**雌虫体长11.0～14.0毫米，翅展23.0～25.0毫米，触角线状；雄虫体长9.0～11.0毫米，翅展19.0～22.0毫米，触角基部数节为单栉齿状。前翅翠绿色，前缘基部尖刀状斑纹和翅基近平行四边形斑块均为深褐色，带内翅脉弧形，内缘为紫红色，后缘毛长，外缘和基部之间翠绿色；后翅内半部米黄色，外半部黄褐色。前胸腹面有2块长圆形绿色斑，胸部、腹部及足黄褐色，但前中基部有1簇绿色毛。

卵：扁平，椭圆形，暗黄色，呈鱼鳞状排列。

幼虫：初孵幼虫体长1.1～1.3毫米，体宽约0.6毫米，黄绿色，半透明。老熟幼虫体长24.0～25.5毫米，体宽8.5～9.5毫米。头褐红色，前胸背板黑色，身体翠绿色，背线基色黄绿色。腹部第一背侧枝刺上的刺毛丝中夹有4～7根橘红色顶端圆钝的刺毛，第1和第9节枝刺梢部有数根刺毛，基部有黑色瘤点；第8、第9节腹侧枝刺基部各着生1对由黑色刺毛组成的绒球状毛丛，体侧有由蓝色、灰色、白色等绒条组成的波状条纹，后胸侧面至腹部第1～9节侧面均具枝刺，以腹部第1节枝刺较长，梢部呈浅红褐色，每枝刺上着生灰黑色刺毛近20根。

蛹：卵圆形，黄褐色，长10.0～15.0毫米。

茧：扁平，椭圆形，灰褐色，茧壳上覆有黑色刺毛和黄褐色丝状物。

生活史 在广州1年发生2～3代，以老熟幼虫于茧内越冬。越冬代羽化交配期为4月上旬至5月中旬。1年发生3代的，第1代发生于4—7月，第2代发生于6—9月，第3代发生于8月至翌年4—5月。1年发生2代的，第1代发生于4—10月，第2代发生于7月至翌年4—5月。成虫寿命3～8天。

生活习性 初孵幼虫群集于卵块附近，约停食1.5天后开始取食，取食时成行排列。成虫白天或夜间均可羽化,羽化后白天静伏于叶背,夜间活动,成虫具趋光性,大多于羽化后的次夜交配,交配多可延长到第2天,交配后即于该夜产卵。卵多产于较嫩叶的叶背,数十粒成块,每头雌虫可产卵500~900粒。

●防治方法——————————————————————————

(1)根据成虫有趋光性的生物习性,可利用黑光灯诱杀。

(2)保护和引放寄生蜂。

(3)用白僵菌在雨湿条件下防治1~2龄幼虫。

(4)喷洒苏云金杆菌进行防治。

(5)使用除虫菊酯喷雾防治幼虫。

幼虫侧面

幼虫背面

棉古毒蛾

- ● ● ● ● ● ● ●

拉丁学名：*Orgyia postica*

别　　名：灰带毒蛾、荞麦毒蛾、小白纹毒蛾

分类地位：鳞翅目Lepidoptera毒蛾科Lymantriidae古毒蛾属*Orgyia*

寄主植物：寄主广泛，为害桉树等30多种植物，红树林内为害无瓣海桑、桐花树、秋茄树等。

分布地区：福建、广东、广西、云南、台湾。

为害症状｜以幼虫为害植株的新梢、嫩叶。1龄幼虫群栖在嫩叶上仅取食叶肉组织，留下叶背表皮；2龄后幼虫开始分散取食，被食叶片有小洞或缺刻；3～5龄幼虫可食尽全叶。大发生时，可将全树叶片吃光，还取食嫩皮和花序，并能转株为害。各代幼虫为害盛期为第1代4月中下旬、第2代5月中旬至6月上旬、第3代7月上旬至7月下旬、第4代8月中旬至9月中旬、第5代10月上旬至11月上旬、第6代翌年2月下旬至3月中旬。

形态特征｜**成虫：**雌雄异型，雌虫无翅，而雄虫有翅。雌虫体长13.0～16.0毫米；翅退化，黄白色；腹部稍暗。雄虫翅展22.0～25.0毫米；触角浅棕色，栉齿黑褐色；体和足褐棕色，前翅棕褐色，后翅黑褐色，缘毛棕色。

卵：球形，顶端稍扁平，白色，有淡褐色轮纹，直径0.7～0.8毫米；初产时为乳白色，孵化前为灰黑色。

幼虫：幼虫共5龄，少数4龄。老熟幼虫体长34.0～37.0毫米，浅黄色，有稀疏的棕色毛；背线及亚背线棕褐色，前胸背面两侧和第8腹节背面中央各有一棕褐色长毛束，第1～4腹节背面有黄色刷状毛，第1～2腹节两侧各有灰黄色长毛束；头部红褐色。

蛹：长16.0～19.0毫米，黄褐色至棕褐色。

茧：灰黄色，椭圆形，粗糙，表面附着黑褐色毒毛。

生　活　史｜在广西1年发生9代，以卵越冬；越冬代幼虫发生于3月中旬至4月中旬；在福建北部1年发生6代，世代重叠，以3～5龄幼虫越冬；在广东1年发生6代，世代重叠，以3～5龄幼虫越冬，越冬幼虫在冬季晴暖天气仍可活动取食，翌年3月上旬开始结茧化蛹，3月下旬始见成虫羽化。

生　活　习　性｜成虫多在18:00—22:00羽化。雄虫羽化后爬行迅速，1～2小时后开始飞翔活动，有较强的趋光性；雌虫羽化比雄虫迟1～2天，羽化后爬行缓慢，多在茧周围活动。成虫羽化后，当晚即可交尾，多在19:00—23:00进行，历时3～8小时，呈"一"字形。雌虫多在夜间产卵，产卵历期3～5天，卵成堆产于茧的表面或靠近蛹、茧周围的枝叶上，卵表覆盖绒毛。幼虫全天均可孵化，孵化高峰期为9:00—10:00，初孵幼虫先取食卵壳，然后才取食嫩叶，

92

全天均可取食，晴天常爬到背阳处取食活动；幼虫老熟后多在小枝杈、草丛或地被物上结茧。预蛹期2～3天，化蛹时虫体缩短，体色变暗。

●**防治方法**————————————————————————

（1）在化蛹盛期或卵期进行人工摘除蛹和卵块。

（2）在3～5龄的幼虫期，用高效氯氰菊酯、阿维菌素进行半微量喷雾。

成虫（雌）

成虫（雄）

幼虫

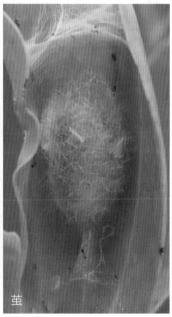

茧

棕斑澳黄毒蛾
· · · · · · · · · ·

拉丁学名：*Orvasca subnotata*
分类地位：鳞翅目Lepidoptera毒蛾科Lymantriidae澳毒蛾属*Orvasca*
寄主植物：无瓣海桑、秋茄树、水黄皮、桐花树、海桑。
分布地区：在广东中山、珠海淇澳岛、惠州惠东、汕头等地红树林区域有发现。

为害症状 | 初孵幼虫先取食卵壳，数十分钟后再转食嫩叶。1龄幼虫多食嫩叶基部；2龄幼虫善于爬行，常将叶片吃成大缺刻，有的食尽全叶；低龄幼虫有群集性，3龄后开始分散取食，还可以转株为害；5龄幼虫取食量最大。幼虫整日均可取食，阴天活动取食更加频繁。

形态特征 | 成虫：雌虫翅展24.32～26.17毫米，雄虫翅展16.37～18.65毫米；雌虫体长9.03～9.76毫米，雄虫体长7.23～7.86毫米。触角呈羽状，黄白色；复眼球状，黑色，较大；头部黄色；胸部浅棕色。前翅棕色，密布黑色鳞片，内线和外线白色，向外呈"S"形，前翅前缘和外缘有不规则黄色带，缘毛黄色。后翅黄色；前后翅腹面黄白色，前翅腹面前缘具1条浅棕色带。足黄白色，生黄色长毛。腹部浅黄棕色，雄虫腹部末端稍尖，雌虫腹部圆筒形。

卵：扁圆形，中央略微向下凹陷，直径约0.6毫米。初产卵米黄色，聚生成块。卵上面附着黄色绒毛，卵接近孵化时变为黑色。

幼虫：老熟幼虫体长12.57～19.92毫米。头呈半球形，暗褐色，头部腹面黄色；体呈扁圆筒形，黑色，被刚毛；胸部3节，有3对胸足，胸足黄色，前胸背中线浅黄色；腹部10节，有4对腹足（位于第3～6腹节）和1对臀足（位于第10腹节），足白色，刚毛黄色，趾钩长，单序，呈弧形。

蛹：椭圆形，长9.5～11.5毫米，初化蛹体背面黑褐色。刚毛、头部、胸部、头腹面、翅均呈褐色；腹部10节；臀棘圆锥形，末端带有小钩。

茧：长椭圆形，暗褐色，长15.5～16.5毫米。丝质，半透明，上有黑色毒毛。

生活史 | 在海南1年发生6代，完成1个世代历期39～45天，卵期6～8天；幼虫共5龄，历期25～31天，其中1～4龄历期分别4～7天，5龄历期5～10天；蛹历期6～7天，其中预蛹期1～2天；蛹化蛾1～3天内产卵，成虫寿命6～7天。以幼虫越冬或以越冬卵越冬，翌年3月上中旬天气回暖时再出来活动或孵化；7—8月天气湿热，导致部分老熟幼虫发生滞后，拖至8月下旬至9月上旬羽化；9—11月为暴发盛期。

生活习性 | 成虫一般在夜间羽化，具有趋光性。产卵在叶片背面，初孵幼虫附于叶片背面，2龄幼虫逐渐分散活动，喜食嫩叶，造成叶面缺刻；老熟幼虫在叶片背面或林间杂草中结茧化蛹。幼虫常在枯枝落叶下、石块下越冬，

94

幼虫还可吐丝缀织植物叶片结茧越冬。

●**防治方法**————————————————————————————

于幼虫期喷施棉铃虫核型多角体病毒、苏云金杆菌、阿维菌素、白僵菌或绿僵菌等生物药剂。

幼虫（1）

幼虫（2）

为害症状

茶黄毒蛾

拉丁学名：*Euproctis pseudoconspersa*

别　　名：茶毒蛾、茶斑毒蛾、茶毛虫、毛辣虫、毒毛虫、摆头虫、茶辣、吊
　　　　　丝虫、刺毛辣、茶辣子

分类地位：鳞翅目Lepidoptera毒蛾科Lymantriidae黄毒蛾属*Euproctis*

寄主植物：主要为害茶树、油茶，红树林内为害无瓣海桑、秋茄树。

分布地区：江苏、浙江、安徽、湖北、湖南、福建、广东、广西、贵州、四川、
　　　　　陕西等地。

为害症状｜幼虫孵化后先食掉卵壳，后聚在原产卵老叶背面啃食叶肉，残留表皮与叶脉，形成透明网膜，久之叶片枯竭呈灰白色。2龄开始自叶缘将叶片蚕食成缺刻；1～3龄幼虫常数十至数百头群集在叶背取食茶树顶梢嫩叶，致使被害叶片仅剩透明的薄膜状上表皮；3龄后分散为害芽、叶、花、幼果等，从叶缘开始取食，造成叶片严重缺刻，严重时造成秃枝；3～4龄食量增

成虫

大，吞食整个叶片，并向茶丛两侧群迁而转移为害，表现出明显的侧向分布；4龄开始分群暴食，爬上枝梢吞食嫩叶及成叶；5龄后食量剧增，可导致整枝、整丛叶片不存，枝间常留有丝网、虫粪和碎叶片。1年发生2代的幼虫为害期分别为4月中旬至6月中旬、7月上中旬至9月中下旬，1年发生3代的幼虫为害期分别为5月上中旬、6月下旬至7月上中旬、8月中下旬至9月。

形态特征｜**成虫：**雌虫体长10.0～12.0毫米，翅展30.0～35.0毫米；前翅橙黄色或黄褐色，中部有2条黄白色横带，除前缘、顶角和臀角外，翅面满布黑褐色鳞片，顶角有2个黑斑点；后翅橙黄色或淡黄褐色，外缘、内缘缘毛黄色；腹部末端有成簇黄毛。雄虫体长9.0～11.0毫米，翅展20.0～26.0毫米，形态同雌虫，仅颜色较深。

卵：扁圆形，浅黄色，直径0.6～0.8毫米，卵块椭圆形，中央为2～3层垂叠排列，边缘单层排列。表面覆盖厚密的黄色绒毛。

幼虫：老熟幼虫体长20.0～26.0毫米。圆筒形，头红褐色。虫体金黄色至

黄褐色。自前胸至第9腹节，均有4对毛疣。头、尾有长毛向前后伸出。

生 活 史 ｜在浙江、江苏、安徽、四川、贵州、陕西等地1年发生2代。在江西、湖南、广西等地1年发生3代。在福建1年发生3～4代，发生整齐，无世代重叠，以卵越冬；翌年4月上中旬孵化，幼虫6月上中旬老熟，成虫6月中下旬出现，7月上旬产第1代卵；第2代成虫10月上中旬产第2代卵，以卵越冬。成虫寿命3～5天。

生活习性 ｜幼虫共7龄，多在温度较低的时间段爬全枝端取食，炎热时、蜕皮前群迁至叶背，甚至地面，后再群迁返回树上。群迁时头、尾相接，队列整齐，且不时摆头，鱼贯而行，稍受惊扰随即摆头，受震迅速假死吐丝坠落；幼虫老熟后，分散爬至根际土缝中、枯枝落叶下，少量聚集结茧化蛹。成虫17:00—19:00羽化，19:00—23:00活动最盛，具趋光性，羽化当晚或次晚交尾，雌虫、雄虫均可交尾1次。交尾分离后随即产卵，雌虫卵一次性产完，分作2块，产于老叶背面，并覆以黄色绒毛，以卵越冬，越冬代卵分布在茶树中下层的叶背上，于翌年气温回升时开始孵化为害。

●**防治方法**

（1）诱杀成虫，用频振式黑光灯诱杀成虫或以主要成分为10,14-二甲基十五碳异丁酯的性信息素进行诱杀。

（2）保护和利用天敌，卵期寄生天敌有茶毛虫黑卵蜂、赤眼蜂、毒蛾瘦姬蜂等；幼虫期寄生天敌有茶毛虫绒茧蜂、茶毛虫瘦姬蜂、毒蛾瘦姬蜂、小孢瘦姬蜂、日本黄茧蜂和寄蝇等；捕食性天敌有多种瓢虫、步甲、猎蝽和白斑猎蛛等；病原性天敌主要有细菌软化病和茶毛虫核型多角体病毒。

（3）用苏云金杆菌或白僵菌进行防治。

（4）3龄幼虫前喷施鱼藤酮或苦参碱＋氯氰菊酯。

幼虫

海榄雌潜叶蛾

拉丁学名： *Phyllocnistis* sp.
分类地位： 鳞翅目Lepidoptera潜蛾科Lyonetiidae潜蛾属*Phyllocnistis*
寄主植物： 海榄雌。
分布地区： 在广东惠州惠东红树林区域有发现。

为害症状｜主要为害海榄雌。幼虫潜入植物叶片上、下表皮组织内为害。

形态特征｜成虫：体微小，翅展不超过5.0毫米。喙不发达，下唇须短或消失，触角基节阔，能盖住部分复眼形成眼罩，缺单眼。前翅和后翅均为披针形，以白色为主。前翅黄色至橙色，具纵向和倾斜的条纹，通常以灰色或黑色镶边；顶角尖，脉序不完全，中室细长，各脉均集中于翅端，其分支大多减少。后翅细长而尖，脉更少，脉短、脉直达翅顶，中室消失，缘毛很长。

幼虫： 4龄，虫体筒形或扁平，有胸足和腹足，趾钩单行环或二横带。

生活习性｜幼虫3龄前取食，在寄主叶的上、下表面形成1条长蛇形的潜痕。4龄后不进食，老熟后由潜痕内钻出，在叶片及枝干上作茧化蛹。

●**防治方法**

（1）可安装潜叶蛾诱虫灯，减少虫口数。

（2）注意保护和利用草蛉、白星姬小蜂和捕食性蚂蚁等天敌，由于寄生蜂等天敌多在上午羽化活动，所以喷药时间最好选择在下午或傍晚。

（3）幼虫期喷施苏云金杆菌、噻虫嗪、高效氯氟氰菊酯、甲维盐等，每隔7～9天喷1次，连续喷2～3次，重点喷布树冠外围和嫩芽、嫩梢。

98

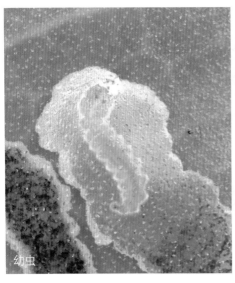
幼虫

为害症状

柚木驼蛾

拉丁学名： *Hyblaea puera*

别　　名： 柚木弄蛾、柚木肖弄蝶夜蛾、柚橙带夜蛾、全须夜蛾

分类地位： 鳞翅目 Lepidoptera 夜蛾科 Noctuidae 驼蛾属 *Hyblaea*

寄主植物： 寄主广泛，可取食45种寄主植物，主要取食唇形科、马鞭草科、紫葳科、红树科、五加科、胡桃科和木犀科植物。在红树林内可取食海榄雌属的海榄雌、木榄属和红树属植物。

分布地区： 广东、海南、云南、湖北、台湾，在广东湛江高桥红树林区域有大暴发报道。

为害症状｜ 幼虫取食树木嫩叶。其在嫩叶边缘处咬一半圆弧缺刻，吐丝折叠该处叶片，藏于其中，取食叶片其他部分时爬出，轻微惊扰则退回，较大振动则吐丝下垂逃跑。幼虫昼夜均可取食，1～2龄幼虫折叠叶片较紧密，老龄幼虫折叠较松，幼虫将叶肉和叶脉全部吃掉，严重时整片叶仅留几根主脉。幼虫蜕皮后转移其他处为害。除每年在柚木林暴发外，有些年份还可在红树林中大规模发生。

成虫

形态特征｜成虫： 翅展28.0～42.0毫米。头胸部浅灰色至红褐色，腹部暗褐色具橙黄色环带。前翅暗褐色，具一圆弧形灰色或红褐色斑纹，翅下面各具一褐色"箭头状"大斑纹；后翅暗褐色，中部有1条边缘橙红色横向弯曲的黄色带，后缘近臀角处有一橙红色较小斑纹，翅下面橙红色，近前缘及顶角处浅褐色具黑点，臀角处橙色具2个黑斑。静止时，前后翅折叠成屋脊状，具有橙红色斑的后翅完全被前翅覆盖，整个虫体呈三角形。

卵： 长椭圆形，长约1.0毫米，宽约0.4毫米，呈乳白色，近孵化时部分卵上有1～2条橘黄色横带。

幼虫： 初孵幼虫乳白色，头壳黑色，取食后虫体呈绿色。2～3龄幼虫灰黑色。4～5龄幼虫个体间出现深色型和浅色型2种不同的色斑类型，其中深色型虫体通体黑色；浅色型体色呈灰黑色至黑色，背面均具有橙色或赭色的纵带，两侧具有白色纵带。老熟幼虫体长35.0～45.0毫米。

蛹： 初化蛹时浅绿色，渐变成红褐色，近羽化时黑褐色。

生　活　史 | 在海南尖峰岭1年发生12代。在广西防城港地区1年可发生11代，主要以蛹在陆岸上越冬，第1代成虫出现在3月初。生命周期18～36天，卵期2天，幼虫期10～20天，蛹期在适温下6～8天，在低温下20～25天，成虫期4～17天。

生活习性 | 幼虫孵化多在清晨至上午，老熟幼虫以丝紧密折叠部分叶片或固定相邻的2枚叶片，并于其中化蛹。化蛹场所主要在树叶上或林内灌木、杂草上。成虫夜间羽化，新羽化成虫常栖息于柚木叶面或林间杂草上，交配及产卵前后均需补充营养，吸食露水。羽化后翌日夜间交配，1次需3～4小时，交配时呈"一"字形。交配后翌日傍晚开始产卵，卵单个散产于叶上，以叶背面居多。成虫白天隐藏在林内杂草、落叶等暗处角落不动，表现出较强的趋触性。夜间活动，飞翔力较强，有一定的趋光性。

●**防治方法**

（1）为害盛期为幼虫期，在红树林虫害严重的区域，可进行海上和陆上人工摘除。

（2）在虫害发生初期，可以使用水枪对规模有限的受害海榄雌林喷洒海水。

（3）成虫具有一定趋光性，可采用频振式杀虫灯捕杀成虫。

（4）以鸟治虫，引入鸟类，如黑卷尾、白喉红臀鹎、白头鹎、大山雀等。

（5）保护和投放天敌——小茧蜂。

（6）苏云金杆菌和专性病毒核型多角体病毒对该虫防治效果理想。

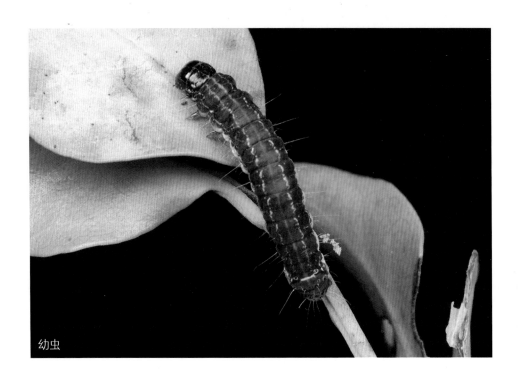

幼虫

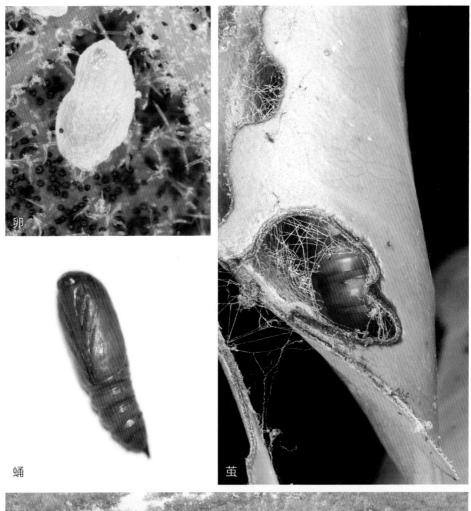

卵

蛹

茧

为害症状（大面积）

青安钮夜蛾

● ● ● ● ● ● ●

拉丁学名： *Ophiusa tirhaca*

分类地位： 鳞翅目 Lepidoptera 夜蛾科 Noctuidae 安钮夜蛾属 *Ophiusa*

寄主植物： 乳香树、漆树，红树林内为害无瓣海桑、海漆。

分布地区： 陕西、山东、江苏、湖北、江西、福建、台湾、广东、海南、广西、四川、贵州。

为害症状 ｜ 成虫、幼虫均可为害植株，幼虫刺吸顶部嫩叶、嫩茎等，严重时上部叶片或植株顶梢萎蔫。

形态特征 ｜ **成虫：** 翅展67.0～70.0毫米，前翅长34.0毫米。头部和胸部灰黄色，泛绿色，腹部黄色。前翅黄绿色，有褐色碎纹，端区褐色，内线外斜至后缘中部，外线内斜至与内线相遇，前缘外线处有三角形褐斑，环纹为褐点，肾纹褐色明显，外区前

成虫

102

缘有一半圆形黑棕色斑，亚端线暗棕色锯齿形，前段外侧有黑褐色齿纹；后翅黄色，亚端带粗，黑色。

卵：直径1.0～1.1毫米，高0.85～0.89毫米，顶部隆起，底部较平，淡黄色。卵孔显著，圆形。中部有纵棱24～27根，每2根长纵棱间有1根短纵棱。

幼虫：体长54.0～64.0毫米。第1～3腹节常弯曲成尺蠖形，虫体后端比前端稍细，虫体茶褐色。头顶有2个较大的黄斑。头部有暗褐色不规则纵纹。

蛹：体长24.0～28.5毫米，棕褐色，体表被白粉。

生 活 史｜不详。

生活习性｜成虫有趋光性，吸食果汁，属二次为害种；幼虫为害叶片。

●防治方法

（1）灯光诱杀，可安装黑光灯、高压汞灯或频振式杀虫灯，傍晚时挂于树冠周围。

（2）药剂趋避，用塑料薄膜包住萘丸，上刺小孔数个，每树挂4～5粒，用于趋避。

（3）每树用5～10张吸水纸，每张滴1毫升香茅油，傍晚时挂于树冠周围。

（4）在7月前后大量繁殖释放赤眼蜂，使其寄生卵粒。

（5）为害开始时喷洒百树得、功夫乳油。此外，用香蕉、橘果浸药（敌百虫）诱杀或夜间人工捕杀成虫也有一定效果。

103

飞扬阿夜蛾

● ● ● ● ● ● ● ●

拉丁学名：*Achaea janata*

别　　名：蓖麻红褐夜蛾、蓖麻夜蛾

分类地位：鳞翅目 Lepidoptera 夜蛾科 Noctuidae 阿夜蛾属 *Achaea*

寄主植物：蓖麻、木薯、飞扬草等，红树林内为害海漆。

分布地区：山东、湖北、湖南、台湾、云南、广东、广西、西藏。

为害症状｜幼虫食叶成缺刻或孔洞，啃食嫩芽幼果及嫩茎表皮，严重时吃光叶片。成虫吸食柑橘、杧果果实汁液。

形态特征｜**成虫**：体长21.0～26.0毫米，翅展53.0～64.0毫米。头胸部红褐色。前翅灰褐色，内线双线黑棕色波浪形，中室有2个不明显的黑点，外缘呈波纹状；后翅棕黑色，基部黑褐色，中部有1个稍带蓝白色的斜带，外缘有3个略带蓝色的白斑，臀角有1条白色窄纹。

卵：直径0.6～0.8毫米，圆球形，馒头状，底部平，顶端稍突起，表面有放射状的纵横突起格子纹；初产时为灰绿色或淡绿色，杂有灰白色斑纹，渐变为灰黑色，不透明，微有光泽。

幼虫：老熟幼虫体长47.0～60.0毫米，全体共12节，身体颜色多变，常呈黑色、黑褐色、黄褐色、暗红褐色、淡红褐色等，体表有稀而短的毛。头部褐色，头顶有6个大小不同的黄白色斑点，额部中央具灰白色呈"八"字形的纵纹。第1与第2腹节背面相接处有3个灰白色斑点，背部和两侧均有不规则的灰色、褐色或黄褐色的纵行条纹；腹面黄褐色，左右足之间的黑斑明显。第1～3腹节常弯曲，第8腹节背面有2个峰状突起。胸足3对，腹足第1对极小，第2对稍大，第3、第4对发达，臀足较长。

蛹：被蛹，长21.0～25.0毫米，宽5.0～7.0毫米。初蛹淡棕色，2天后变为棕褐色，身上出现蜡粉，头部有1对短刺。

生　活　史｜在广东、广西1年生4～5代，以蛹在土中或草堆中越冬，翌年3—4月羽化，幼虫共6龄，5—6月、9—10月进入为害盛期。湛江地区1年发生6～8代，没有明显的越冬休眠现象；第1代幼虫出现在2月下旬；第2代幼虫出现在4月下旬至5月上旬；第3代幼虫出现在5月下旬至6月上旬；第4代幼虫出现在6月下旬至7月上旬；第5代幼虫出现在7月下旬至8月上旬；第6代幼虫出现在9月上旬至中旬；第7代幼虫出现在10月中下旬；第7代幼虫有部分继续羽化为第8代，也有因受低温影响而成为越冬代。成虫期7～11天，卵期6—9月为4～6天、10月为7～9天、11月为12～15天，幼虫期6—9月为13～18天、10月为18～25天，蛹期7—9月为15～18天、10月为20～52天，越冬蛹的蛹期可长达6～7个月。

生活习性 成虫白昼怕光，潜伏于茂密的枝叶下，傍晚活动频繁，有弱趋光性和假死性，羽化后1～2天的成虫开始交配产卵，以黄昏和黎明前2～3小时最多。雄虫的寿命比雌虫短1～2天。卵常1～3粒散布，多附着在叶片正面，但黏附力不强，易被风雨吹落地面。幼虫以叶为食，共

成虫

6龄，食量逐日增大；3龄幼虫除食叶片和小叶脉外，还取食花、果；5龄幼虫达暴食阶段，昼夜均可取食，在无外界干扰的情况下，一般是吃完一片叶后，再转移到另一片叶。低龄期幼虫在受惊扰后，有随即吐丝下垂的特性。11月后停止生长发育而死亡。老熟幼虫化蛹前头微向腹面、尾向背面弯曲，身体缩短变粗，同时吐丝作茧，经1～2天蜕皮1次即在茧中化蛹。幼虫在石块下、土缝内、落叶丛中、疏松表土等处均能化蛹。

105

●防治方法

（1）利用成虫具有趋光性的特点，可用黑光灯或电灯等诱集杀灭。

（2）在卵孵化盛期释放澳洲赤眼蜂和松毛虫赤眼蜂进行生物防治，每亩1次释放100 000头，隔10天放1次，连续放2～3次。

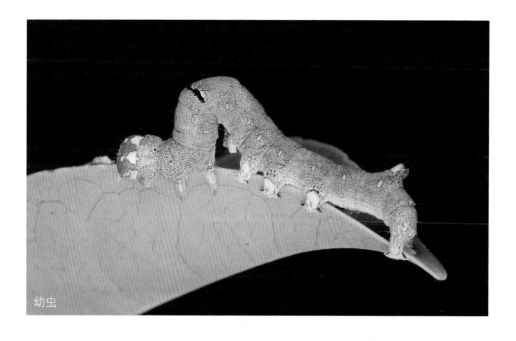

幼虫

细皮夜蛾

拉丁学名：*Selepa celtis*

分类地位：鳞翅目Lepidoptera夜蛾科Noctuidae细皮夜蛾属*Selepa*

寄主植物：杧果、枇杷、菠萝蜜、八宝树，在红树林内为害无瓣海桑。

分布地区：河南、江苏、浙江、湖北、江西、福建、广东、广西、海南、四川等地。

为害症状｜幼虫在叶背取食，1～4龄幼虫仅取食叶背表层及叶肉，5龄幼虫则将叶吃成孔洞、缺刻或全叶组织被食，只剩下叶脉。

形态特征｜**成虫**：灰褐色，雌虫体长6.0～11.0毫米，翅展18.0～26.0毫米；雄虫体长8.0～9.0毫米，翅展20.0～22.0毫米。触角丝状。下唇须灰黄色，前伸。前翅灰色带棕色，密布黑棕色细点，内外横线和亚端线棕褐色，中

老龄幼虫

央有一螺形圈纹，圈中有3个较明显的鳞片突起，臀区也有3个灰褐色的鳞毛突起；后翅灰白色。前足、腿节、胫节多毛，停息时前伸，中后足仅有平滑紧贴的鳞片。腹部白色微带褐色。

卵：淡黄色，馒头形，直径0.25～0.50毫米。顶部中央有小的圆形凹陷，四周有16条辐射状的棱，并由小横脊突相连。卵呈块状，卵粒的间距约1毫米，卵近孵化时变为灰黄色。

幼虫：1～2龄幼虫头黑色，体淡黄色，背部有黄色长毛。3～5龄幼虫特征基本相同。从3龄起，雄幼虫在第5腹节背面可透视有1对橘黄色的睾丸。末龄幼虫体长18.0～23.0毫米，头黑色，体黄色，腹部第2、第7、第9节有1个黑斑；气门后上方有1～2个小黑斑；虫体上仅有原生刚毛，体毛白色。

茧：长椭圆形，表面有许多土粒，底面平，长12.0～14.0毫米，宽5.0～6.0毫米。

蛹：纺锤形，栗褐色，长8.0～10.0毫米。翅伸达第4腹节。触角长于中足。后足稍长于翅。中胸背板舌状。

生活史｜在广州终年发生，1年发生7～8代，以蛹越冬，世代重叠。1—3月出现第1代幼虫；4月上旬出现第2代；5月下旬出现第3代；7月上旬出现第4代；8月中旬出现第5代；9月下旬出现第6代；11月上旬出现越冬代。卵期6～10天，幼虫期13.5～19.0天，蛹期8.0～12.5天，成虫期4～5天，生活周

期31.5～46.5天。1～4龄各龄历期均为3天，5龄为3.5～4.5天。

生活习性 | 4—10月发生最盛；成虫具趋光性还有取食糖水和露水的习性。成虫以下半夜羽化较多，羽化后第2～3晚交配，翌日晚于叶面产卵。幼虫具有群集性，同一卵块的幼虫，始终群集取食，幼虫孵化后先取食卵壳；幼虫老熟后下地结茧化蛹，蛹藏于茧中，结茧的材料有碎叶、树皮屑、土粒、虫粪等，茧结于土表或树干基部。

●**防治方法**————————————————

（1）利用成虫趋性，用黑光灯、性诱剂等诱杀成虫。

（2）保护和利用天敌，如寄生性天敌赤眼蜂，以及杆菌、病毒等。

低龄幼虫

3龄幼虫

窄茎瘤蛾

拉丁学名： *Nola angustipennis*

分类地位： 鳞翅目Lepidoptera瘤蛾科Nolidae瘤蛾属*Nola*

寄主植物： 红树林内寄主为秋茄树。

分布地区： 在广东惠州惠东红树林区域有发现。

为害症状 | 低龄幼虫蛀食嫩芽，被蛀芽梢枯萎，取食时从洞中钻出，啃食叶背面叶肉，只留下表皮；随着龄期增大，幼虫取食叶片量增大，被害叶片生长受阻，出现各种不规则形状，被啃食的伤口变成黑褐色。

形态特征 | **成虫：** 雌虫体长4.64～5.47毫米，腹部与头胸部近等长，翅展11.72～13.91毫米；雄虫体长3.97～4.41毫米，腹节短于头胸，翅展10.18～11.21毫米。雌虫触角线形，内侧有短毛簇；雄虫触角双栉形，栉齿在基半部约3/4处最长，向基部及顶端渐短；触角干基部灰褐色，至顶端逐渐转为黄褐色。头部棕褐色，领片近头顶处灰黑色，近中胸背板侧杂有棕褐色鳞毛；胸部棕褐色，后半部掺杂灰黑色鳞毛。腹部腹面纯灰白色，背面杂有灰黑色鳞毛，第2～6腹节背板后缘有灰白色鳞毛。前翅灰白色至黑褐色，翅前缘和内缘轻微向外弯曲，底色散布有灰黑色和深棕色细点；外线外侧较平滑，内线弧状向外弯曲，内线内侧及基部颜色更深，与底色不相同。

幼虫： 5龄幼虫体长7.3～8.9毫米，体背与体侧紫灰色，腹面黄白色，被黄白色或橙黄色毛瘤，毛瘤具黄白色长毛或棕褐色短毛丛。臀足1对，第4～6腹节各具1对腹足，趾钩21个，排成单序纵行。

茧： 长5.52～6.64毫米，船形，外表面粗糙，覆有寄主茎皮碎屑，内表面为相对光滑的丝质薄茧。上端较宽、下端较窄，上部宽端平面在羽化时会形成供成虫脱出的竖缝状开口，下部内侧堆积着末龄幼虫的头壳及蜕皮。

蛹： 蛹体椭圆形筒状，雌蛹平均长5.75毫米，宽1.9毫米；雄蛹平均长5.21毫米，宽1.77毫米。初化蛹时橙黄色，2～3天后头胸部及附肢体色始逐渐转为深褐色，至化蛹前1天翅面斑纹已依稀可见，腹部末端光滑，无臀棘或刚毛。雌蛹中足和腹足抵达腹部第5节，翅芽伸过腹部第4节，触角伸达腹部第3节中部，雌虫生殖孔位于第8节腹板近上缘。雄蛹中足端部触及第6腹节节间，其他胸足及翅芽伸达腹部第5节。触角伸达腹部第3节上端。雄虫生殖孔位于第

成虫

8腹板与9腹板间。

生 活 史｜成虫始见于3月，预蛹期约1天，蛹期6～8天。

生活习性｜成虫多于晨昏羽化，白天常静伏于叶背或枝侧，夜间在枝叶间求偶，有趋光性。林间灯诱调查发现，成虫访灯主要集中在22:00至翌日1:00。低龄幼虫常2～3头聚集在同一嫩芽，啃食叶肉；随着龄期的增长，幼虫取食叶片后直接形成缺刻，受害处附近散落较多粪粒；5龄幼虫常分散生活，受扰动时幼虫会缩入蛀洞中或快速爬行逃离，较少蜷缩坠落；老熟幼虫体色加深，在叶柄．叶背中脉附近或枝条中上部织丝垫固着，啃食附近茎叶的表皮缀连成外表粗糙的茧。受害严重的秋茄树植株，同一枝上可见到多个茧在叶腋附近交错排列。蛹受惊时扭动腹部。

●**防治方法**————————————————————

（1）人工摘除有虫叶芽，能起到降低虫口密度的作用。

（2）灯光诱杀成虫进行防治，开发高效的引诱剂诱杀成虫。

（3）天敌昆虫有姬蜂、茧蜂等，且天敌资源虫口数较大，还发现有一些生防菌株资源。

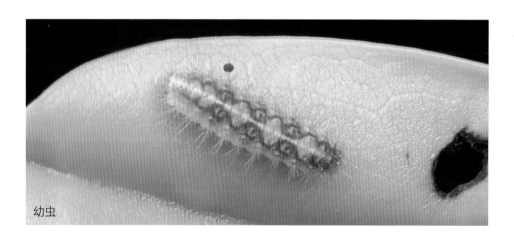

幼虫

蛹

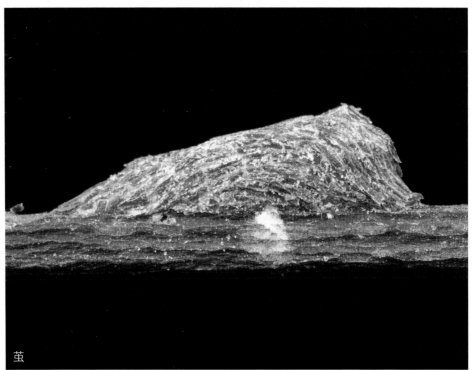

茧

为害症状

白囊蓑蛾

拉丁学名：*Chalioides kondonis*

分类地位：鳞翅目Lepidoptera蓑蛾科Psychidae白袋蛾属*Chalioides*

寄主植物：秋茄树、无瓣海桑、桐花树。

分布地区：广东湛江高桥红树林区域。

为害症状｜主要以幼虫取食植株新梢、叶片和嫩枝，致使小枝枯死，甚至全树枯死，严重影响了植株开花、结果及树体的生长。幼虫在6—7月为害最为严重。

形态特征｜成虫：雌雄异型。雌虫体长9.0～16.0毫米，无翅，虫体呈淡黄白色至浅黄褐色微带紫色；触角小，突出；复眼褐色；各胸节及第1、第2腹节背面具有光泽的硬皮板；腹部肥大；尾端收小似锥状。雄虫体长6.0～11.0毫米，翅展18.0～21.0毫米，前后翅透明；体淡褐色，密被白色长毛，后翅基部亦被白毛，腹末黑色；头浅褐色；复眼黑褐色球形；触角暗褐色羽状。

卵：椭圆形，浅黄色至鲜黄色，长0.4～0.8毫米。

幼虫：体长15.0～30.0毫米。头褐色，具暗褐色至黑色云状点纹；中、后胸骨化部分成2块，各块均有深色点纹，在侧面连成3纵行；腹部黄白色，各节上有褐色小点，规则排列。

蛹：雌蛹长12.0～16.0毫米，淡褐色；雄蛹长8.0～11.0毫米，浅褐色，有翅芽。袋囊长30.0～40.0毫米，细长纺锤形，灰白色，袋囊不附任何残叶与枝梗，完全用丝缀成，丝质较致密，常挂于叶背面。

袋囊：长圆锥形，白色或灰白色；长27.0～32.0毫米，宽6.0～7.0毫米；袋囊细长，丝质，紧密，具纵隆线；袋囊外无碎叶、枝梗等附着物。成囊30.0～40.0毫米。

生活史｜1年发生1代，以3龄幼虫越冬。3龄幼虫于袋囊内在枝干上越冬，翌年春季寄主发芽展叶期幼虫开始为害，7月老熟幼虫化蛹。幼虫一般5龄。成虫大量出现在8月中旬，8月上旬至9月中旬为羽化盛期；产卵期为8月下旬至9月上旬，卵期20天左右。

生活习性｜雌虫无翅，终生负囊，卵产于囊内，孵化幼虫自母囊下孔涌出，着叶后即营囊护体，前后历时50～90分钟。活动时，头及前、中胸伸出，负囊行进。取食在黄昏至夜晚居多。老熟后将袋囊上口固着密封，虫体倒转向下化蛹。羽化前，雄蛹向下蠕动，半身露出囊外，而后变蛾飞出囊外；雌蛹则在囊内沿蛹壳胸部环裂，露出头胸，腹部仍留胸壳内，头部释放性外激素以引诱雄虫。交尾时，雄虫伏于雌囊外，腹部极度拉长，插入雌囊下口并沿雌蛹壳内壁伸至雌虫体末，再折回交尾，历时10～20分钟，而后飞离，2～3天后即

111

死亡。雌虫在囊内15～20天，卵集中产在蛹壳内，一雌虫可产卵数百至千余粒，产卵后雌虫逐渐收缩干瘪，最后蠕移坠地死去。幼虫聚集为害，形成为害中心。

● **防治方法**——————

（1）保护天敌，低龄幼虫天敌主要有异色瓢虫、三突花蛛及蚂蚁等多种；高龄幼虫天敌主要有红尾追寄蝇、蚕饰腹寄蝇；蛹期天敌有广大腿小蜂、四斑尼尔寄蝇等；越冬幼虫经常遭灰喜鹊等鸟类啄食；此外捕食性天敌还有麻雀、螳螂等。

（2）在低龄幼虫盛期，喷洒杀螟杆菌、核型多角体病毒、白僵菌和绿僵菌等。

袋囊（1）

袋囊（2）

丝脉蓑蛾

拉丁学名：*Amatissa snelleni*

分类地位：鳞翅目Lepidoptera蓑蛾科Psychidae桉袋蛾属*Amatissa*

寄主植物：木榄、桐花树、秋茄树、海榄雌。

分布地区：广东深圳福田、惠州惠东等地红树林区域有发现。

为害症状｜低龄幼虫只食叶肉，使叶片形成半透明的枯斑；高龄幼虫将叶吃成缺刻，严重时仅留叶脉。

形态特征｜**成虫**：雄虫体长11.0～15.0毫米，翅展29.0～33.0毫米。体和翅灰褐色至棕黄褐色；翅中室中部、外侧和下方均有深色曲条纹。雌虫体长13.0～22.0毫米，淡黄色。

卵：椭圆形，米黄色。

幼虫：幼虫体长17.0～25.0毫米。头、前胸背板灰褐色，并散布黑褐色斑；各胸节背板分成2块，中线两侧近前缘有4个黑色毛片，前胸毛片于下方排列，中、后胸毛片横向排列；腹部淡紫色；臀部黑褐色。

袋囊：长锥形。雌虫袋囊长35.0～50.0毫米，外表较光滑，灰白色。囊口较大，尾端小并有棉絮状物。

113

袋囊

生 活 史 | 老熟幼虫在袋囊内越冬。2月中下旬化蛹，4月上中旬羽化，旋即产卵。4月下旬至5月上旬为幼虫孵化盛期，6—7月为害最重。10月中下旬老熟幼虫用丝束缠绕枝条成袋囊悬于小枝越冬。

生活习性 | 雄虫为蛾体；雌虫蛆状，无翅无足，有灰白色、光滑、丝质袋囊。雄虫对黑光灯有趋光性。雌虫产卵于袋囊内的蛹壳里。

●**防治方法**────────────────────────

（1）在害虫未扩散前人工摘除袋囊。

（2）用苏云金杆菌或杀螟杆菌喷杀。

为害症状

蜡彩蓑蛾

拉丁学名：*Chalia larminati*
别　　名：蜡彩袋蛾
分类地位：鳞翅目 Lepidoptera 蓑蛾科 Psychidae 彩袋蛾属 *Chalia*
寄主植物：红树林内主要为害桐花树、秋茄树、海榄雌、木榄、红海榄、黄槿；
　　　　　其中在秋茄树上为害最严重，桐花树次之。
分布地区：安徽、江西、湖南、广西、贵州、四川、云南、广东。

为害症状 | 幼虫咬食叶片而形成缺刻或孔洞。低龄幼虫仅食嫩枝或叶片的表皮，随着虫龄增加，食叶量加大，可取食嫩枝或叶片，虫害严重时短短几天内就能将整片林子的树木叶片取食殆尽，造成树木秃枝光干，犹如火烧，严重影响树木生长。

形态特征 | **成虫：**雄虫体长6.0～8.0毫米，翅展18.0～20.0毫米；头胸部灰黑色；腹部银灰色；前翅灰黑色，基部灰白色，后翅白色，边缘灰褐色。雌虫体长13.0～20.0毫米，乳白色至黄白色，圆筒形。

卵：椭圆形，米黄色，长0.6～0.7毫米。

幼虫：老熟幼虫体长16.0～25.0毫米，头胸部及第8～10腹节背面均呈灰黑色，其余灰白色，背线黑色。

蛹：雄蛹长9.0～10.0毫米，圆柱形，黑褐色，腹部第4～8节背面前缘和第6、第7节后缘各有1列小刺。雌蛹长15.0～23.0毫米，长筒形，全体光滑，头胸部和腹末背面均呈黑褐色，其余黄褐色。

袋囊：长圆锥形，长20.0～51.0毫米，丝质，灰褐色，质地坚韧，囊外壁有横向纹路，囊外无碎叶和枝梗。

生 活 史 | 在福建北部1年发生1代，以幼虫越冬；成虫于4月中下旬羽化，约持续15天；5月中下旬幼虫开始为害；雄幼虫7龄，雌幼虫8龄；卵期30～39天，雄幼虫期306天，雌幼虫期323天，雌蛹期16天。在广西沿海1年发生1代，以3龄幼虫越冬；成虫于8月中下旬羽化，约持续15天，9月中下旬新幼虫开始为害；雄幼虫7龄，雌幼虫8龄；卵期20天左右，雌蛹期15天左右，雄蛹期约15天，雄虫成虫期3～4天。

生活习性 | 羽化多集中在傍晚或夜晚，雌虫羽化后仍留在袋囊内，雄虫羽化时，将一半的蛹壳留在袋囊中。羽化后翌日清晨或傍晚交尾，交尾后，雌虫将卵产于蛹壳内，并把尾部绒毛覆盖在卵堆上，卵孵化多集中在白天。初孵幼虫吃掉卵壳后，从袋囊排泄口爬出，吐丝下垂，随风迁移，爬到枝叶下方，咬取嫩枝或叶片表皮，并吐丝缠身做袋囊。幼虫取食时间主要集中在早、晚；老熟幼虫可在枝梢部转移，并用丝将袋囊固定在枝叶上，封闭袋口越冬。

115

●**防治方法**

（1）在7—8月老熟幼虫期和蛹期人工摘除袋囊。

（2）寄蝇寄生率高，蛹期有广大腿小蜂寄生，要对该小蜂进行充分保护和利用。

（3）喷洒苏云金杆菌、杀螟杆菌防治低龄幼虫。

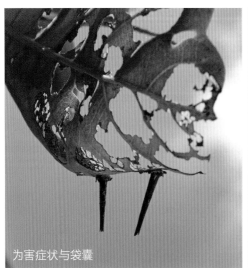

为害症状与袋囊

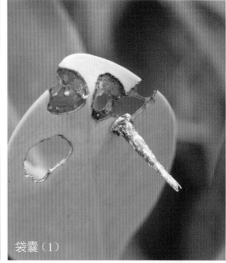

袋囊（1）

袋囊（2）

桐花毛颚小卷蛾

· · · · · · · · · · ·

拉丁学名：*Lasiognatha sp.*
别　　名：毛颚小卷蛾
分类地位：鳞翅目 Lepidoptera 卷蛾科 Tortricidae 毛颚小卷蛾属 *Lasiognatha*
寄主植物：桐花树。
分布地区：福建、广东、广西。

为害症状｜幼虫主要为害顶芽。初孵幼虫吐丝将顶芽附近的 2～3 片嫩叶不规则地黏结在一起，潜在中间为害，取食叶肉，致使叶片逐渐干枯脱落，虽不致整株枯死，但严重影响林木的生长和观赏价值。老熟幼虫吐丝下垂到老叶上，先用丝将叶缘黏包成饺子形，并在其中结茧化蛹，造成顶芽附近枝枯、叶干。一年有 2 个明显的为害高峰期，分别出现在春季和秋季。

形态特征｜成虫：体长 6.0～8.0 毫米，翅展 15.0～17.0 毫米。头部有扁平鳞片，单眼位于后方，触角丝状，黑褐色；前翅相当宽，外缘略平截，有明显基斑和中带，二者之间有淡色横带；后翅淡灰色至暗褐灰色。

卵：扁椭圆形，中部略隆起，直径 0.5～1.0 毫米，微小。初产时乳白色，有光泽，近孵化时转为暗红色。卵壳透明，具网状纹。

幼虫：老熟幼虫体长 15.0～18.0 毫米，体宽 1.5 毫米左右。初孵幼虫淡棕色，头部棕红色，逐渐转为淡黄绿色，后变成深绿色或深灰色，快结茧时体色转为透明淡黄色；体上有多根白色刚毛，臀足向后伸长似钳状。

蛹：梭形，长 7.0～8.0 毫米。淡褐色，蛹外有白色薄丝茧，腹部背面各体节有前刺行，每行有黑色点刺 4～6 枚。后刺行也发达，末端有臀刺 8 根，近羽化时体色转为暗棕色。

生 活 史｜在广西北部湾 1 年发生 11～12 代，世代重叠。以 2～3 龄幼虫在桐花树叶片上卷叶越冬，在冬季天气暖和时幼虫仍能出来取食。翌年 2 月下旬，桐花树花蕾期越冬幼虫开始化蛹，3 月上旬开始羽化为成虫，1～2 天后即交配产卵，各世代各虫态历期随不同季节不同温度而有差异，成虫历期 4～8天，卵历期 2～4 天，幼虫历期 11～17 天，蛹历期 6～8 天，完成 1 个世代需要23～27 天。幼虫共 5 龄。

生活习性｜成虫具有强烈的趋光性，多在深夜羽化；羽化后不久即可交尾，不需补充营养，过 1～2 天后交配产卵，交配历时 0.5 小时。白天不活动，一般静伏于叶片下或枝条上，多在夜间飞翔，寻找配偶。对产卵叶片有一定的选择，主要产卵于当年或 2 年生主梢或侧枝的基部或近基部较老的叶片正面或背面，以背面居多，也有的产于嫩叶或嫩枝上，卵散产。幼虫一般被有一层薄薄的丝，初孵幼虫活跃，沿着枝条爬到顶芽，吐丝将顶芽附近的 2～3 片嫩叶

117

不规则地黏结在一起，后潜在其中取食叶肉，残留叶脉，有少部分在叶缘吐丝卷苞潜在其中取食叶肉；3龄后开始取食整个叶片；幼虫老熟后吐丝下垂到老叶上，用丝将叶缘黏包成饺子形，并在其中结茧化蛹，蛹外被一层密织的丝；老熟幼虫若食料缺乏（如卷叶干枯），可提前结茧化蛹。

●防治方法

（1）在成虫羽化高峰期利用黑光灯进行诱杀。

（2）在成虫产卵高峰期前释放螟黄赤眼蜂。

（3）保护和利用天敌，如蜘蛛、茧蜂、姬蜂、赤眼蜂等。

（4）每年在各代幼虫发生盛期可喷洒生物农药灭幼脲Ⅲ号。

（5）3龄幼虫前可喷洒灭幼脲Ⅲ号、苏云金杆菌、阿维菌素等生物农药。

成虫

高龄幼虫

预蛹

蛹

为害症状

荔枝异形小卷蛾

拉丁学名： *Cryptophlebia ombrodelta*
别　　名： 荔枝黑褐卷叶蛾、荔枝小卷蛾
分类地位： 鳞翅目 Lepidoptera 卷蛾科 Tortricidae 异形小卷蛾属 *Cryptophlebia*
寄主植物： 秋茄树、无瓣海桑、桐花树。
分布地区： 广东湛江高桥红树林区域。

为害症状｜幼虫除蛀果外，也为害嫩梢。初孵幼虫咬食果实表皮，2龄后蛀入果内食害果核，导致果实腐烂或脱落。

形态特征｜成虫：暗褐色，体长6.5～7.5毫米，翅展16.0～23.0毫米。头顶有一束疏松的褐色毛丛；触角丝状；前翅黑褐色，外缘较直。雌虫前翅近顶角处有深褐色斜纹，后缘有1个近三角形的黑色斑纹，其外围有灰白色边带；后足胫节被疏松的褐色长毛，中、端部各有1对距。雄虫前翅后缘具深褐色纵带；后足胫节和第1跗节具黑、白、黄三色相间的细长浓密鳞毛。

卵： 鱼鳞状，3～4行，排列成卵块。

幼虫： 末龄幼虫体长12.0～13.0毫米，体宽2.5～3.0毫米。头部和前胸背板褐色，胴部背面粉红色，腹面淡白色。

蛹： 长10.5毫米，宽约2.8毫米。被蛹，有椭圆形丝质薄茧。腹部第2～7节背面的前后缘各有1列刺状突，第8、第9节的刺状突特别粗大，第10节背面具臀棘3条，肛门两侧各1条。

生活史｜1年发生1代，以3龄幼虫越冬，3龄幼虫于袋囊内在枝干上越冬，翌年春季寄主发芽展叶期幼虫开始为害，7月老熟幼虫化蛹。成虫出现在8月中旬，8月上旬至9月中旬为羽化盛期；产卵期为8月下旬至9月上旬，卵期20天左右。幼虫一般5龄。

生活习性｜成虫昼伏夜出，有趋光性。卵产在叶片上。初孵幼虫在果皮表面稍有凹陷处咬食为害，2龄后蛀入果中食害种核，通

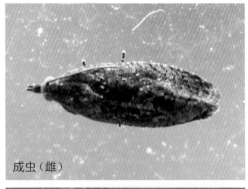

成虫（雌）

成虫（雄）

常1果1虫，偶见1果2虫，蛀孔外有小颗粒状褐色虫粪和丝状物，后期蛀孔附近呈水渍状，果汁溢出；老熟幼虫钻爬出果外，在树皮裂缝或附近杂草上化蛹，也有部分在果内化蛹，羽化时蛹壳半露果外。

●防治方法————————————————————

在成虫产卵始盛期，频繁释放松毛虫赤眼蜂2～3批。

蛹

茧

幼虫

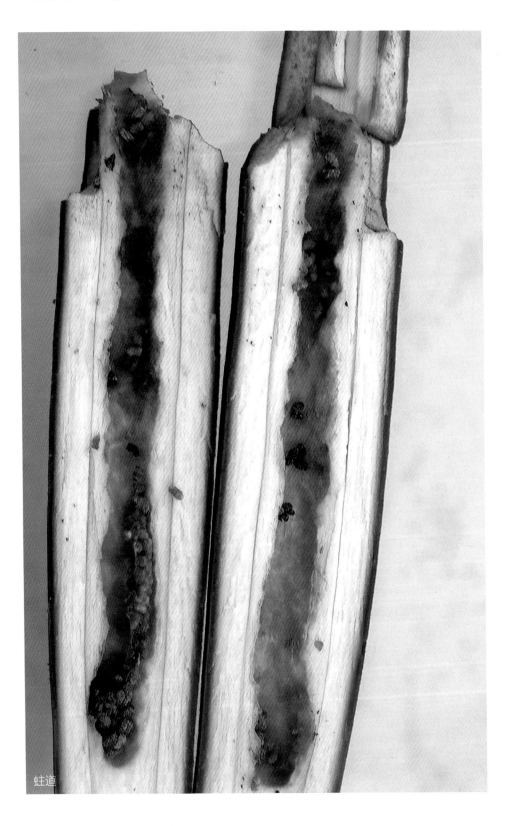

蛀道

茶长卷蛾

• • • • • • •

拉丁学名：*Homona magnanima*

别　　名：茶卷叶蛾、褐带长卷叶蛾、后黄卷叶蛾、茶淡黄卷叶蛾

分类地位：鳞翅目 Lepidoptera 卷蛾科 Tortricidae 长卷蛾属 *Homona*

寄主植物：茶、油茶、柑橘、荔枝、龙眼、阳桃、银杏、女贞、栎、樟、椴、落叶松、冷杉、紫杉、咖啡、板栗等。红树林内主要为害桐花树，也为害秋茄树和木榄。

分布地区：江苏、安徽、福建、台湾、湖北、四川、广东、广西、云南、湖南、江西、西藏等地。

为害症状 | 初孵幼虫为害嫩芽、嫩叶和花序；低龄幼虫常转移为害嫩叶，并常吐丝将数片叶缀合在一起，躲藏在其中为害，多数情况下1个虫包内为1头幼虫；中龄幼虫也会蛀入果实中为害。4月第1代幼虫为害比较嫩的叶片，5月下旬至6月上旬，第2代幼虫为害比较成熟的叶片或成熟的果实。多头不同虫龄的幼虫常吐丝将数片嫩叶缀合在一起，躲藏在其中为害，直至结茧化蛹。桐花树嫩芽、叶片受害严重。

123

形态特征 | **成虫：**第1代成虫深黄色，第2代成虫浅黄色至灰黄色；雌虫体长8.0~10.0毫米，翅展25.0~30.0毫米；雄虫体长6.0~8.0毫米，翅展16.0~19.0毫米。头小，头顶有浓褐色鳞片，下唇须上翘至复眼前缘；前翅暗褐色，近长方形，基部有黑褐色斑纹，从前缘中央前方斜向后缘中央后方，有1条深褐色带，顶角亦常呈深褐色；后翅为淡黄色。雌虫翅显著长过腹末，雄虫则仅能遮盖腹部，且前翅具宽而短的前缘折，静止时常向背面卷折。

卵：常排列成鱼鳞状，上覆胶质薄膜，卵块椭圆形，长约8.0毫米，宽约6.0毫米。

幼虫：1龄幼虫体长1.2~1.6毫米，头黑色，前胸背板和前、中、后足深黄色；2龄幼虫体长2.0~3.0毫米，头部、前胸背板及3对胸足黑色，体黄绿色；3龄幼虫体长3.0~6.0毫米，形态色泽同2龄；4龄幼虫体长7.0~10.0毫米，头深褐色，后足褐色，其余黑色；5龄幼虫体长12.0~18.0毫米，头部深褐色，前胸背板黑色，体黄绿色；6龄幼虫体长20.0~23.0毫米。第1代虫体浅绿色至黄绿色，第2代虫体浅黄色至乳白色，头部黑色或褐色，前胸背板黑色，头与前胸相接的地方有一较宽的白带。

蛹：雌蛹长12.0~13.0毫米，雄蛹长8.0~9.0毫米，均为黄褐色。第10腹节末端狭小，具8条卷丝状臀棘。

生 活 史 | 在江苏泰州、上海1年发生3~4代；在福建福州1年发生6代；在广东广州1年约发生7代；在广西1年发生7代以上。以幼虫在卷苞内越冬。

生活习性 | 白天成虫多数静伏在桐花树枝条上或叶背面，遇惊扰则迅速飞跃，转移到其他桐花树静伏，在飞跃过程中多数情况下在桐花树树冠内穿行，很少飞跃到桐花树树冠层外面进行长距离转移。成虫羽化时间以18:00—23:00居多，羽化后即交尾。雌虫一生能交尾1～4次，交尾时间约20分钟；雌虫交尾后不久即产卵，产卵时间主要集中在20:00至翌日8:00，卵孵化全天均可进行。幼虫孵化后先吃去卵空壳，然后才开始趋光爬行或吐丝下垂，随风飘扬，迁移扩散。幼虫在爬至嫩梢叶尖过程中吐丝连接数枚叶片形成虫苞；幼虫期可以多次转苞为害，一般可转苞2～4次；幼虫遇惊扰则迅速向后跳动，吐丝下坠逃走，不久又循原丝而上回到原来的地方；老熟幼虫在叶苞内或老叶上结成白色丝质薄茧，于其中化蛹。蛹由臀刺钩在茧内，遇惊动时蛹在茧内翻动。

●**防治方法**

（1）利用成虫趋光性，在成虫发生期设置杀虫灯。

（2）保护和利用天敌，如拟澳赤眼蜂、卷叶蛾肿腿蜂、松毛虫赤眼蜂、舞毒蛾黑瘤姬蜂、松毛虫埃姬蜂、卷叶蛾甲腹茧蜂、卷叶蛾绒茧蜂，以及一些食虫虻和蜘蛛等；可在卵盛期释放赤眼蜂，每株树放蜂1 000只，每隔3～5天放1次，共放蜂3～4次；也可用白僵菌防治幼虫。

（3）药物灭杀越冬幼虫和第1代初孵幼虫，减少前期虫口密度。常用药剂有杀螟杆菌、灭幼脲Ⅰ号。

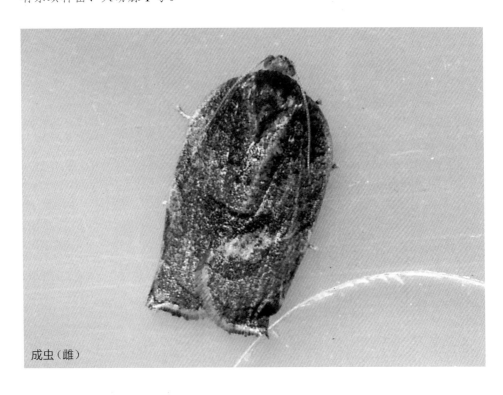

成虫（雌）

幼虫（6龄）

蛹

为害症状（秋茄树）

为害症状（桐花树）

白缘蛀果斑螟

拉丁学名：*Assara albicostalis*

分类地位：鳞翅目Lepidoptera螟蛾科Pyralidae蛀果斑螟属*Assara*

寄主植物：为害龙脑香科、漆树科等植物，红树林内主要为害秋茄树、木榄、桐花树。

分布地区：广东湛江高桥红树林区域有发现。

为害症状｜主要以幼虫为害寄主植物的花萼和胚轴，较少进入轴髓细胞组织中为害。低龄幼虫均从花萼与胚轴接合处开始为害，或躲藏进入受害胚轴旧虫道内为害；中龄幼虫在花萼与胚轴接合处为害；高龄幼虫喜为害花萼。

形态特征｜**成虫：**体长9.5～9.7毫米，翅展15.5～18.0毫米。体黑褐色。头顶被褐色鳞毛；触角褐色具环纹，触角鞭节中后端为灰白色，触角长为前翅的0.7倍；下胸、领片、翅基片棕褐色。前翅底色为黑褐色，肩角处有三角形褐色斑，中室内有1个黑斑，中室端有2个小黑点；后翅淡褐色，半透明，缘毛淡褐色。胸足基节至胫节棕褐色，跗节基部褐色，端部灰白色。

幼虫：高龄幼虫体长10.2～12.4毫米，体宽2.3～2.5毫米。浅灰色，半透明，表皮柔软光滑，可清楚地看到体内褐色器官，刚毛疏少；腹部各节背面具1对灰色小毛片；头部和前胸背板浅褐色，臀板浅褐色。

蛹：长8.0～8.8毫米，宽2.6～2.9毫米。蛹褐色，头部复眼及腹部末节黑褐色；头额部微突；各腹节光滑无刺突，腹末节微尖但末端圆滑无刺钩。

茧：长14.5～15.0毫米，宽4.4～4.7毫米。灰白色。常在花萼与胚轴之间形成茧，茧体薄且疏松，隐约看到茧内蛹体，茧体表面无缀附虫粪。

生活史｜在广州1年发生4代。第1～3代虫（非越冬代）从2月下旬开始至8月下旬结束，发生1代历时48～66天，其中第1代55天、第2代48天、第3代66天；第4代虫（越冬代）从9月上旬开始至翌年2月下旬结束，发生1代历时180天。卵期6～8天；幼虫期25～27天，其中低龄幼虫期约4天、中龄幼虫期约12天、高龄幼虫期约10天（其中茧期5天）；蛹期8～10天；成虫期5～7天。

生活习性｜常在花萼内结茧化蛹。受害胚轴干枯后继续悬挂在树梢，不至于落入海水中。在胚轴成熟脱落、花萼尚未形成期间，受害胚轴旧虫道内常常可观察到有2～4头不同虫龄的幼虫。成虫具有趋光性。

●防治方法

（1）同时可利用糖、醋液或诱虫灯诱杀成虫。

（2）保护和利用天敌，使用昆虫病原菌白僵菌、绿僵菌等进行防治。

成虫

高龄幼虫

蛹

茧

为害症状

海榄雌瘤斑螟

拉丁学名：*Ptyomaxia syntaractis*
别　　名：广州小斑螟
分类地位：鳞翅目 Lepidoptera 螟蛾科 Pyralidae 瘤斑螟属 *Ptyomaxia*
寄主植物：主要为害红树林内海榄雌。
分布地区：福建、台湾、广东、广西、云南、海南等地。

为害症状｜幼虫为害嫩芽和叶片。初孵幼虫为害嫩芽及相邻的1对嫩叶，幼虫在嫩叶周围吐丝结网，网上挂有大量黑色细小虫粪，躲藏在其中为害；中龄幼虫转移到叶片背面，多数选择叶边缘卷起处缀丝结网，在网内取食叶肉组织，叶片受害后常遗留下叶面表皮层，少数幼虫转移蛀入果实内为害，并在蛀入口及周围缀丝结网；高龄幼虫取食量较大，取食的叶肉面积较大时，会在夜间转移到其他叶片背面继续为害，受害严重时成片枯死。

成虫

形态特征｜成虫： 体长7.0～10.0毫米，翅展15.0～24.0毫米。头部灰白色，触角黄褐色，多节，细长，丝状；雄虫触角基部膨大，宽扁，有淡黄色鳞片。前翅狭长，菜刀形，灰褐色，散布有黄褐色鳞片并形成花纹，外侧具黑色斑块；中室端斑黑色，分离，周围翅面灰白色；翅外缘具黑色斑点，中室闭合；雌虫前翅边缘的花纹呈波浪形。后翅阔，三角形，淡灰褐色；顶角及外缘色泽较深；双翅缘毛淡黄褐色。足外侧黄褐色，内侧浅黄色。腿节、胫节和各跗节端部颜色比较浅，灰黄色。腹部背面呈黄褐色，腹面灰黄色。

卵： 椭圆形，0.5～0.7毫米；表面呈颗粒状突起，初产时乳白色，1天之内即变为淡红色，近孵化时呈暗红色。

幼虫： 初孵幼虫淡红色，后渐至浅黄色和绿色，身体各节有分散的刚毛。老熟幼虫体长10.0～15.0毫米，头壳宽1.0～1.5毫米，身体呈半透明状，头部与第1、第2腹节两侧有黑点。雄幼虫第8腹节背面呈黄色。

蛹： 被蛹，蛹体细长；长8.0～10.0毫米，宽1.5～2.2毫米；刚化蛹为绿色，背脊为灰褐色，渐渐均变为灰褐色，羽化前变为深棕色；初蛹每节背面有一深棕色斑点；腹部末端有1对臀棘，为蛹期固定支点。

生活史｜ 在广州1年发生7代，以中龄幼虫在用虫丝缀黏的虫苞内越冬。第1～6代虫从3月上旬开始至10月下旬结束，完成1个世代历时33～42天，其中第1代虫36天、第2代虫34天、第3代虫33天、第4代虫34天、第5代虫38天、第6代虫42天；越冬代虫从10月下旬开始至翌年2月下旬结束，完成世代历时平均122天。

生活习性 | 3月上中旬开始活动，剥食海榄雌的叶肉，留下呈半透明状的上表皮。低龄幼虫食量小，2龄以后进入暴食期。老熟幼虫受惊时会吐丝从枝叶上坠下悬在半空。在气温较高的7—8月，会蛀食海榄雌嫩芽和果实。成虫期为7～10天，有较强的趋光性，趋化（糖、醋）性不强。成虫白天通常蛰伏于枝叶荫蔽处，晚上出来觅食、交配，通常将卵散产于海榄雌植株较荫蔽的中下部叶片上。

●**防治方法**────────────────────

（1）蛹期之前，在岸上地势较高的平坦开阔地带设置诱虫灯。

（2）采用棉铃虫核型多角体病毒喷雾防治低龄幼虫。

（3）可用寄生蜂携带病毒的"生物导弹"技术，结合苏云金杆菌对海榄雌瘤斑螟进行防治。

（4）保护和利用天敌，如寄生性的广大腿小蜂、无脊大腿小蜂、寄生蝇等，捕食性的蜻类、普通草蛉、沙蜂、泥蜂、愈腹茧蜂、姬蜂、胡蜂、管巢蛛及虫霉科真菌等。

129

幼虫

蛹

为害症状（1）

为害症状（2）

棉褐环野螟

拉丁学名：*Haritalodes derogata*

别　　名：棉大卷叶螟、棉卷叶螟、棉大卷叶虫、裹叶虫、包叶虫、叶包虫、棉野螟蛾、棉卷叶野螟、青虫子

分类地位：鳞翅目 Lepidoptera 草螟科 Crambidae 褐环野螟属 *Haritalodes*

寄主植物：棉花、苘麻、蜀葵、木槿、木棉、黄蜀葵、芙蓉、冬苋菜、扶桑、梧桐等，红树林内主要为害黄槿、杨叶肖槿。

分布地区：国内除宁夏、青海、新疆未见报道外，其余省（区）均有分布，在广东湛江高桥、深圳福田、惠州惠东等红树林区域有发现。

为害症状｜低龄幼虫只取食嫩叶，初孵幼虫聚集取食叶片背面叶肉，留下上表皮，呈白色薄膜状。3龄后食量大增，此时为害叶片，表现为缺刻症状。4龄后嫩叶及老叶均可取食，严重时叶肉被取食光，留下大量粪便，之后转移到新的叶片继续取食为害。食源充足时不吃光叶片即转移，食源匮乏或虫量较大时整株叶片被卷曲，大发生时叶片被全部食光，幼虫可缀合多个虫苞，从虫苞顶部往下取食，叶片中部以上处仅剩叶脉，受害严重时植株布满虫苞。

形态特征｜**成虫：**雄虫体长12.0～14.0毫米，翅展24.0～28.0毫米；雌虫体长11.0～14.0毫米，翅展25.0～29.0毫米。虫体黄白色，有光泽。复眼黑色，半球形，触角丝状。前后翅外缘线、亚外缘线、外横线、内横线均为褐色波纹状；前翅前缘处有似"OR"形的褐色斑纹，缘毛淡黄色；后翅中室端有细长的褐色环，外横线曲折，外缘线和亚外缘线为波纹状。头胸部背面有12个棕黑色小点排列成4行。腹部各节前缘有黄褐色带。

卵：椭圆形，略扁，长约0.12毫米，宽约0.09毫米。初产时乳白色，后渐转为淡绿色，孵化前呈灰白色。

幼虫：共6龄，末龄幼虫体长约25.0毫米。初孵幼虫淡黄色，取食后绿色，老熟时体色变为粉红色，临蜕皮时转为白色至透明，触摸时手感黏。头部暗褐色，3龄时前胸盾片两侧可见各有1块黑斑，4龄后连成一块。气门黄色，椭圆形，趾钩双序缺环，胸足黑色，腹足半透明，尾足背面为黑色。

蛹：蛹体棕红色，纺锤形。雌蛹长13.0～14.0毫米，宽3.6～4.0毫米；雄蛹长12.0～14.0毫米，宽3.7～4.1毫米。臀棘末端有钩刺8根，雄蛹腹部第8～9节后缘不向前弯曲，生殖孔在第9腹节中央；雌蛹腹部第8～9节后缘向前弯曲，生殖孔在第9节后缘中央。

生活史｜世代重叠，1年发生5～6代，每代历期25～48天，以第5代的部分老熟幼虫和第6代的老熟幼虫越冬。11月中下旬部分老熟幼虫开始越冬，而另一部分老熟幼虫化蛹，经10～12天开始羽化、交配、产卵，孵化后出现

131

第6代，但由于气温较低，直至12月中下旬幼虫老熟，在地下落叶或草丛中吐丝结薄茧越冬。翌年4月中下旬陆续化蛹，4月下旬、5月上旬开始羽化、交配、产卵，产生第1代，4—11月是为害期，其中7—9月是为害高峰期。

生活习性 | 成虫多在22:00至翌日7:00羽化，活动时间主要在19:00至翌日2:00，白天活动减弱，趋光性弱；羽化当天或翌日晚上即可交配，交配时间为20:00至翌日2:00，交配时雌、雄个体呈"一"字形，附于攀附物上不动，交配持续时间为1～4小时；交配后的成虫一般在第2、第3天开始产卵，卵多在下午及夜间孵化，时间整齐。幼虫多集中于夜晚蜕皮，5龄幼虫进入老熟时取食渐停止，化蛹前吐丝黏合叶片成一蛹室，化蛹持续时间一般2～4天。

●**防治方法**

（1）利用成虫的趋光性，安装杀虫灯进行诱杀。

（2）保护利用幼虫的天敌，如卷叶虫绒茧蜂、广大腿小蜂、草蛉等。

（3）卵孵化高峰至低龄幼虫盛发、尚未卷叶时，选用灭幼脲Ⅲ号、甲维盐、阿维菌素、高效氯氰菊酯等进行喷雾防治。

成虫

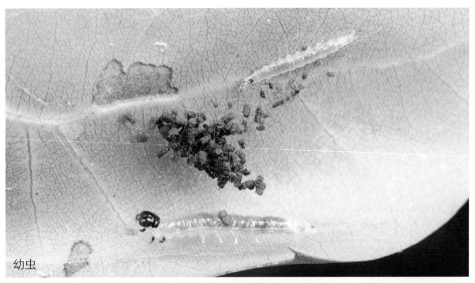

幼虫

蛹

为害症状

二斑趾弄蝶

拉丁学名：*Hasora chromus*

别　　名：双斑趾弄蝶、尖翅绒弄蝶、尖翅绒（毛）弄蝶、冲绳绒毛弄蝶、琉球绒毛弄蝶

分类地位：鳞翅目 Lepidoptera 弄蝶科 Hesperiidae 趾弄蝶属 *Hasora*

寄主植物：主要为害豆科崖豆藤属和芸香科黄皮属植物，如厚果崖豆藤、假黄皮等，红树林内主要寄主植物为水黄皮。

分布地区：湖北、云南、江西、江苏、上海、广东、海南、香港、台湾，在广东珠海淇澳岛红树林区域有大暴发记录。

为害症状｜幼虫取食寄主植物新芽和叶片，严重时可将整片树林的叶片吃光。

形态特征｜**成虫：**体长35.0～40.0毫米，前翅长25.0毫米。雌虫体较大。翅形近于锐角等腰三角形，前翅较尖，后缘与外缘等长。雄虫前翅正面黑褐色，有一大的黑色性斑，翅腹面灰褐色；后翅正面深褐色，无斑纹。雌虫翅腹面褐色，有紫色光泽，有1条白色的横带，前翅双面都有2个象牙色弦月纹，象牙色斑纹的大小变异较大；腹面有亚顶横斑带，翅顶内侧有时也有象牙色小斑，最多时可有2枚，前翅缺乏雄虫所具有的黑褐色鳞片及性斑；后翅近椭圆形，翅后端具有明显叶状突。

卵：扁球形，直径0.6毫米左右，高0.4毫米左右。初产时乳白色，发育后为桃红色，有光泽，有16～18条纵脊。

幼虫：低龄幼虫头壳黑色，老龄幼虫头壳黄褐色或褐色。体色有浅黄绿色及黑褐色二型，老龄幼虫体形肥胖，黑褐色密布白色斑点，背中央有4条白色细长的纵带，身体两侧各有1列黑褐色圆斑，腹侧中央有1条白色纵纹，纵纹以下颜色较浅。

蛹：蛹体粗壮，表面有很多短刺毛，头顶有一瘤状短突，中胸背侧稍隆起，体浅黄绿色，气门黑褐色。

生　活　史｜1年发生多代，世代重叠。

生活习性｜成虫生活在海拔0～500米的森林林缘、平原至低山地林路光明处、民居和沿海森林附近的草地。早晚活跃，尤其在阴天。飞行迅速，活泼敏捷，好访花，会停息于叶片底部，静止时翅膀合起，雄虫具有领地性。雌虫产卵于寄主植物托叶上，卵多见于新芽、嫩芽旁。低龄幼虫会将叶片切开、折叠，吐丝将其黏合成虫巢躲藏于其中；老龄幼虫将数枚叶片聚集成巢；末龄幼虫在虫巢里化蛹。

134

●**防治方法**————————————————————————————————

（1）采用黑光灯诱捕成虫。

（2）保护和利用寄生性天敌寄生蝇来进行防控。

（3）利用生物药剂球孢白僵菌、绿僵菌、棉铃虫核型多角体病毒和藜芦碱进行防治。

（4）可用甲维盐、高效氯氟氰菊酯、氯虫·高氯氟和桉油精、噻虫·高氯氟喷杀，每15天喷杀1次，连续喷杀3次。

成虫

幼虫

为害症状

莱灰蝶

拉丁学名：*Remelana jangala*

分类地位：鳞翅目Lepidoptera灰蝶科Lycaenidae莱灰蝶属*Remelana*

寄主植物：秋茄树、海桑。

分布地区：广东、台湾、香港。

为害症状｜幼虫取食秋茄树叶片表面，形成凹陷的坑洞。

形态特征｜**成虫**：下唇须粗壮，复眼具稀疏短毛，雄虫前足跗节愈合，触角显著比中室长，长于前翅一半，翅膀背面褐色，而翅膀腹面近翅尾部分有金属蓝色斑纹，后翅尾突发达。

生　活　史｜不详。

生活习性｜夏季和秋季，在红树林附近经常可以看到莱灰蝶飞舞，雄虫在潮湿的地面上喝水，很少看到它们在花上吸食花蜜，它们可以在鸟的粪便上摄取矿物盐，停息时通常张开翅膀。

●**防治方法**————————————————————————————————

（1）卵期喷施灭幼脲。

（2）幼虫期使用高效氯氟氰菊酯喷施2次，间隔7天。

幼虫

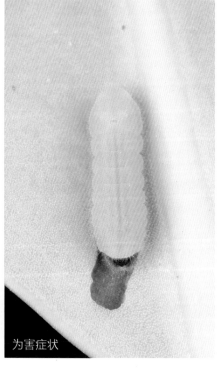

为害症状

报喜斑粉蝶

拉丁学名：*Dalias pasithoe*

别　　名：红肩斑粉蝶、红肩粉蝶、褐基斑粉蝶、斑马粉蝶、花点粉蝶、檀香粉蝶、藤粉蝶、艳粉蝶等

分类地位：鳞翅目 Lepidoptera 粉蝶科 Pieridae 斑粉蝶属 *Dalias*

寄主植物：寄主植物有11种，主要有檀香、母生等。在红树林内为害海桑、无瓣海桑和老鼠簕。

分布地区：福建、台湾、广东、广西、海南、云南、香港等地。

为害症状 | 多以幼虫群集取食。初孵幼虫一般不爬动，取食量相对较少，通常选择较幼嫩的叶片，自叶缘向内取食形成弧形缺刻；2～3龄幼虫食量开始增大，仍以取食幼嫩叶片为主；4～5龄幼虫进入暴食期，对老叶或新叶无明显选择性。虫口数量大时，30厘米枝条上幼虫数量可达200多头，常常将整株树的树叶全部吃光仅剩枝干，严重影响海桑和无瓣海桑的正常生长，尤其以海桑受害更为严重，且多在晚上取食为害。

形态特征 | **成虫**：翅展65.0～89.0毫米，身体背面灰黑色，腹面灰白色。前翅正面灰黑色，中区有白斑，中室端有一白色小斑，亚外缘有1列白色小斑，前翅反面与正面的斑纹基本一致，中室上缘有1条黄白色细线；后翅正面灰黑色，后翅反面与正面斑纹基本一致，翅基具红色斑，臀区黄色。雄虫中区、亚外缘及臀区鲜黄色，被黑色翅脉分隔，A脉黑色、完整。雌虫则颜色较不鲜艳且后翅反面Sc室多出1个小白斑。

卵：炮弹形，顶部较尖，从顶端向周缘有细的放射状脊纹；直径0.5～0.8毫米，高1.3～1.6毫米；初产时黄白色，有光泽，后渐变为灰黄色至暗灰色，

137

成虫

近孵化时透过顶部可见卵内黑色幼体。

幼虫：5龄。初孵幼虫头部黑色，体黄色，半透明，被灰白色半透明细毛；2龄幼虫身体转变为具有深绿色与黄色相间的横带，并被有明显的白色长毛；3龄幼虫深绿色横带转变为红褐色，黄色横带上白色长毛变为黄色；4～5龄幼虫红褐色横带向棕红色转变，临化蛹前完全成为棕红色，黄色横带颜色基本保持不变。

蛹：缢蛹，长22.0～29.0毫米，宽5.0～8.0毫米。刚化蛹时红褐色，后渐变为棕褐色或深棕褐色，尾部黑色。额中央有一不分叉的突起。胸部各节两侧各有小突起，中胸的最明显。腹部第1～7节前方中央各有一突起，其中1～3节两侧各有一白色短刺突；腹部侧面有白色斑纹。气门黑色。尾部无钩刺，臀棘较明显。

生活习性｜全年可见，10月至翌年3月活动相对频繁。成虫喜阳，常在林区飞行寻找蜜源补充营养，不取食时多在上空飞行。成虫全天均可羽化，18:00至翌日6:00为羽化高峰期。雌成虫常产卵于海桑叶片的正面。卵聚产，卵粒均匀间隔形成卵块。幼虫喜聚集栖息和进食，离开群体的幼虫常死亡；3龄后的幼虫食量增大；老熟幼虫通常集体迁移到离地面比较近的树枝或叶片上化蛹，其在海桑下层低矮的老鼠簕叶片背面聚集化蛹最多，幼虫并不取食老鼠簕。

●**防治方法**

（1）释放寄生性天敌及捕食性天敌，幼虫期天敌有绒茧蜂和菜蛾奥啮小蜂，蛹期天敌有黑纹囊爪姬蜂、广大腿小蜂和黄盾驼姬蜂，捕食性天敌有螳螂、蚂蚁和鸟类等。

（2）利用病原微生物进行防治，包括核型多角体病毒、苏云金杆菌和球孢白僵菌等。

卵

幼虫

蛹

东方蝼蛄

拉丁学名：*Gryllotalpa orientalis*

别　　名：非洲蝼蛄、小蝼蛄、拉拉蛄、地拉蛄、土狗子、地狗子、水狗等

分类地位：直翅目 Orthoptera 蝼蛄科 Gryllotalpidae 蝼蛄属 *Gryllotalpa*

寄主植物：杨叶肖槿。

分布地区：全国广泛分布，在广东深圳、惠州、珠海淇澳岛红树林区域有发现。

为害症状｜成虫、若虫均在土中活动，取食种子、幼芽或将幼苗咬断致死，受害幼苗的根部呈乱麻状。

形态特征｜**卵**：初产时长2.8毫米，孵化前长4.0毫米，椭圆形；初产时乳白色，后变为黄褐色，孵化前暗紫色。

若虫：共8～9龄，末龄若虫体长25.0毫米，体形与成虫相近。成虫体长30.0～35.0毫米，灰褐色，腹部色较浅，全身密布细毛。头圆锥形，触角丝状。前胸背板卵圆形，中间具一明显的暗红色长心脏形凹陷斑。前翅灰褐色，较短，仅达腹部中部；后翅扇形，较长，超过腹部末端。腹末具1对尾须。前足为开掘足，后足胫节背面内侧有4个距。

生活史｜在我国华中长江流域及其以南各地每年发生1代，华北、东北、西北2年左右发生1代，陕北和关中1～2年发生1代。在广东以成虫或若虫在地下越冬，越冬若虫于翌年4月上旬开始活动，5—7月为为害盛期。

生活习性｜初孵若虫有群集性，怕光、怕风、怕水，孵化后3～6天群集在一起，以后分散为害。蝼蛄具有强烈的趋光性。蝼蛄嗜好香甜食物，对煮至半熟的谷子、炒香的豆饼、未腐烂的马粪厩肥有趋性。该虫昼伏夜出，以21:00—23:00活动最盛，特别在气温高、湿度大、闷热的夜晚，大量出土活动。早春或晚秋因气候凉爽，仅在表土层活动，不到地面上，在炎热的中午常潜至深土层。成虫、若虫均喜松软潮湿的壤土或沙壤土，20厘米表土层含水量20%以上最适宜。

●防治方法

（1）用黑光灯诱杀成虫。

（2）保护和利用天敌，红脚隼、戴胜、喜鹊、黑枕黄鹂和红尾伯劳等食虫鸟类是蝼蛄的天敌。

（3）把谷子炒到不能发芽即可，拌上适量农药，可以随种撒到苗床地下，或者傍晚撒在林地表面，雨后撒效果更佳。

成虫

140

瘦管蓟马

拉丁学名： *Gigantothrips* sp.

分类地位： 缨翅目 Thysanoptera 管蓟马科 Phlaeothripidae 瘦管蓟马属 *Gigantothrips*

寄主植物： 杨叶肖槿。

分布地区： 台湾、广东、海南。

为害症状 | 成虫、若虫在植株的嫩叶、幼芽和当年生老叶上取食为害，形成大小不一的紫红褐色斑点，芽梢凋萎，受害叶片变黄、变脆、易凋落。

形态特征 | **成虫：** 雌虫体黑褐色至黑色，细长，体长4.8～6.0毫米。头长，长为宽的1.5～1.8

成虫

倍；复眼大而突出，单眼区隆起似蛇头，并有网纹；触角8节，细长，基部1～2节黑色，3节最长，3～6节基部黄色，端部褐色，7～8节褐色，基部较窄，第3、第4节具有感觉锥；口锥端部较宽圆，下颚针较细。前胸背板布满网纹，前角丛生约8对鬃毛，中胸前小腹片发达。后胸盾片有网纹，在前半部为纵网纹，腹部节大多数长大于宽，前翅宽，有众多间插缨毛，翅色微黄，端半部略暗。前足股节稍膨大，褐色，跗节内缘有一小齿，细长，向前伸。雄虫体色、形态一般与雌虫相似，但第4腹节中侧鬃短于背中鬃和侧鬃，体长约5.5毫米，管长为头长1.5倍。

生 活 史 | 1年发生12代左右，每代所需时间依季节而异，冬季无明显的越冬现象，世代重叠现象严重，几乎常年都可见到成虫、若虫和卵。

生活习性 | 成虫腹部有向上翘动的习性，一般靠爬行到别处取食或转叶为害，只有受惊时才飞行；卵分批产出，不规则，卵发育后期出现红色眼点，预示将要孵化。1～3龄若虫生活于虫瘿内；4龄若虫大多在虫瘿内、叶枝缝隙或入土化蛹。成虫、若虫喜欢群集在虫瘿内取食。随着若虫的羽化，各代成虫都陆续转移到当年抽发的新叶上为害。

●**防治方法**

（1）保护和利用天敌，捕食性天敌有花蝽、猎蝽、蜘蛛、瓢虫等，应合理、科学用药，以发挥天敌的控制作用。

（2）在成虫为害期未形成虫瘿之前喷施吡虫啉，隔5～7天喷1次，连续喷2～3次；在虫害大量发生形成少量虫瘿前，可采取灌根方法进行防治。

有害植物

互花米草

拉丁学名：*Spartina alterniflora*

别　　名：大米草

分类地位：禾本目 Poales 禾本科 Gramineae 米草属 *Spartina*

为害症状 | 互花米草的入侵、扩散严重为害入侵区域生物安全和生态系统稳定。其能快速侵占本土生物生存空间，形成单一互花米草群落，破坏近海生物栖息环境，导致原生物群落生境空间破碎化、生物多样性下降。由于互花米草密度大，形成的"大坝"阻挡潮水，影响海水交换能力，导致水质下降，并诱发赤潮，破坏潮间带等区域的生态环境。互花米草侵占本土海洋生物繁殖与生长的滩地，对旅游业及水产养殖业造成损失。

形态特征 | 多年生草本。植株茎秆坚韧、直立，茎节具叶鞘，叶腋有腋芽。叶片互生，呈披针形，长可达90.0厘米，宽1.5～2.0厘米，具盐腺，根吸收的盐分大都由盐腺排出体外，因而叶表面往往有白色粉状的盐霜出现。3～4个月即可达到性成熟。圆锥花序长20.0～45.0厘米，具10～20个穗形总状花序，有16～24个小穗，小穗侧扁，长约1.0厘米；两性花；子房平滑，两柱头很长，呈白色羽毛状；雄蕊3枚，花药成熟时纵向开裂，花粉黄色。

●**防治方法**————————————————

通常最常规、易操作的物理防控方法包括：在退潮期或人工围堰后，通过

刈割、遮盖、火烧等方式清除互花米草，或通过挖掘、碾埋、绞杀、水淹等方式进行清除。在大面积分布互花米草的开阔、平坦的滩涂，可利用飞机和两栖车辆喷洒草甘膦、氰氟草酯、高效氟吡甲禾灵、咪唑烟酸、米草净及高效盖草能等，削减、控制互花米草的株高、生物量和新生苗数量。

145

薇甘菊

拉丁学名： *Mikania micrantha*

别　　名： 小花蔓泽兰、小花假泽兰

分类地位： 桔梗目 Campanulales 菊科 Compositae 假泽兰属 *Mikania*

为害症状 | 常见匍匐缠绕于乔木、灌木上，重压于顶冠层，影响植物的光合作用，最终导致附主死亡。

形态特征 | 多年生缠绕草本。茎圆柱形，有时管状，有浅沟及棱，茎常被暗白色柔毛。叶片淡绿色，卵形或心脏形，茎生叶大多箭形或戟形，深凹刻，近全缘至粗波状或齿状，自基部起3～7脉，叶表面常被暗白色柔毛；叶柄细长，通常被毛，基部具环状物，有时形成狭长的近膜质托毛。花序圆锥状，顶生或侧生，复花序聚伞状分枝；头状花序小。

●**防治方法**

　　结合薇甘菊生物特性，每年在种子成熟前做好防治工作。利用物理方法及时铲除薇甘菊植株，并集中烧毁。埋于土壤内的并未被完全铲除的薇甘菊根或遗漏茎节再次发芽后，利用紫薇清、灭薇净、草甘膦喷施3～4次，使其根部完全溃烂，以实现彻底根除的目的。

146

盒果藤

拉丁学名：*Operculina turpethum*

别　　名：松筋藤、红薯藤、软筋藤

分类地位：管状花目Tubiflorae旋花科Convolvulaceae盒果藤属*Operculina*

为害症状 | 可附生于无瓣海桑等红树植物上，影响植物光合作用，使植物生长减弱。

形态特征 | 多年生缠绕草本。根肉质，多分枝。茎圆柱形，时而呈螺旋状扭曲，有3～5翅，被短柔毛，幼茎有时被毛较密，老时近于无毛。叶形不一，心形、圆形、卵形、宽卵形、卵状披针形或披针形，先端锐尖、渐尖或钝，基部心形、截形或楔形，边缘全缘或浅裂；叶面被小刚毛，老叶近无毛，背面被短柔毛，侧脉6对，于叶面平或稍突起，于叶背突起。聚伞花序生于叶腋，通常有2朵花；花梗粗壮，花序梗密被短柔毛；萼片宽卵形或卵状圆形，外面密被短柔毛，内面无毛，结果时萼片增大；花冠白色、粉红色或紫色，宽漏斗状，外面具黄色小腺点。蒴果扁球形。种子4颗，卵圆状三棱形，黑色，无毛。

148

●防治方法————————————————————————

定期进行人工清除。

五爪金龙

拉丁学名：*Ipomoea cairica*
别　　名：番仔藤、掌叶牵牛
分类地位：管状花目 Tubiflorae 旋花科 Convolvulaceae 番薯属 *Ipomoea*

为害症状｜常见缠绕于无瓣海桑等植物枝干上，攀缘能力强，可迅速占据被覆植物的外围，影响被覆植物光合作用。

形态特征｜多年生缠绕草本，全体无毛，老时根上具块根。茎细长，有细棱，时有小疣状突起。叶掌状5深裂或全裂，裂片卵状披针形、卵形或椭圆形，中裂片较大，两侧裂片稍小，顶端渐尖或稍钝，具小短尖头，基部楔形渐狭，全缘或不规则微波状；叶柄基部具小的掌状5裂的假托叶。花呈漏斗状，聚伞花序腋生，具1～3朵花，或偶有3朵以上；花冠紫红色、紫色或淡红色，偶有白色。花期以夏季最盛。

●**防治方法**————————————————————————————

在零星分布的区域，可通过人工铲除。对于大面积受害的区域，可使用2,4-D丁酯乳油，或喷施草甘膦异丙胺盐。

151

鸡矢藤

拉丁学名：*Paederia scandens*
别　　名：鸡屎藤
分类地位：龙胆目Gentianales 茜草科Rubiaceae 鸡矢藤属*Paederia*

为害症状｜常见缠绕在秋茄树、桐花树等红树树冠上，密盖植株顶层，影响被覆植物光合作用。

形态特征｜多年生草质藤本植物，基部木质。叶对生，有柄；叶片近膜质，多皱缩或破碎，完整者展平后呈宽卵形或披针形，先端尖，基部楔形、圆形或浅心形，全缘，绿褐色，两面无柔毛或近无毛；叶间托叶三角形，脱落。圆锥花序腋生及顶生，分枝为蝎尾状的

153

聚伞花序；花白紫色，无柄；萼狭钟状；花冠钟状，上端5裂，捏合状排列，内面红紫色，被粉状柔毛；雄蕊5枚，花丝极短，着生于花冠筒内。浆果球形，成熟时光亮，草黄色。茎无毛或近无毛。花期秋季。

●**防治方法**——
定期进行人工清除。

马缨丹

拉丁学名：*Lantana camara*

别　　名：**五色梅、五彩花**

分类地位：**管状花目 Tubiflorae 马鞭草科 Verbenaceae 马缨丹属** *Lantana*

为害症状 | 常见攀附于无瓣海桑等红树植物上，影响被覆植物的光合作用。此外，马缨丹繁殖力强、生长快、适应性强，具有强烈的化感作用，它身上分泌出一些特殊的物质，能抑制周围其他植物的生长。

形态特征 | 蔓性或直立灌木，长可达4.0米，高 1.0～2.0米。茎、枝均呈四棱形，有短柔毛，通常有短的倒钩状刺。叶对生，卵形至卵状长圆形，先端急尖或渐尖，揉烂后有强烈的气味。

●防治方法

定期进行人工清除。

154

海刀豆

拉丁学名： *Canavalia rosea*

别　　名： 水流豆

分类地位： 豆目 Fabales 豆科 Fabaceae 刀豆属 *Canavalia*

为害症状｜ 常见附生于无瓣海桑枝干上，影响被覆植物光合作用。

形态特征｜ 攀缘藤本。茎被稀疏柔毛。羽状复叶具三小叶；托叶、小托叶小；小叶倒卵形、卵形、椭圆形或近圆形，先端通常圆、截平、微凹或具小突头，稀渐尖，基部楔形至近圆形，侧生小叶基部常偏斜，两面均被长柔毛，侧脉每边4～5条；小叶柄长5.0～8.0毫米。总状花序腋生，总花梗长达30.0厘米；花1～3朵聚生于花序轴近顶部的每一节上；小苞片2枚，卵形，着生在花梗的顶端；花萼钟状，被短柔毛，上唇裂齿半圆形，下唇三裂片小；花冠紫红色，旗瓣圆形；子房被绒毛。荚果线状长圆形，长8.0～12.0厘米，宽2.0～2.5厘米，厚约1.0厘米，顶端具喙尖，距离背缝线3.0毫米处的两侧有纵棱。种子椭圆形，长13.0～15.0毫米，宽10.0毫米，种皮褐色，种脐长约1.0厘米。花期6—7月。

156

●防治方法

定期进行人工清除。

篱栏网

拉丁学名：*Merremia hederacea*
别　　名：篱栏、鱼黄草、茉栾藤、三裂叶鸡矢藤
分类地位：茄目 Solanales 旋花科 Convolvulaceae 鱼黄草属 *Merremia*

为害症状｜附生于秋茄树、桐花树等植物枝干上，影响被附植物光合作用。

形态特征｜缠绕或匍匐草本。茎细长，有细棱，无毛或疏生长硬毛，有时仅于节上有毛，有时散生小疣状突起。叶心状卵形，顶端钝，渐尖，具小短尖头，基部心形或深凹，全缘或具不规则的粗齿或锐裂齿，有时为深或浅3裂，两面近于无毛或疏生微柔毛；叶柄细长，无毛或被短柔毛，具小疣状突起。聚伞花序腋生，有3～5朵花，有时更多或偶为单生，花序梗比叶柄粗，连同花序梗均具小疣状突起；小苞片早落；萼片倒卵状宽匙形，顶端截形，明显具外倾的突尖；花冠黄色，钟状，外面无毛，内面近基部具长柔毛；雄蕊与花冠近等长，花丝下部扩大，疏生长柔毛；子房球形，花柱与花冠近等长，柱头球形。蒴果扁球形或宽圆锥形，4瓣裂，果瓣有皱纹。蒴果内含种子4粒，三棱状球形，表面被锈色短柔毛，种脐处毛簇生。

●**防治方法**

定期进行人工清除。

鱼藤

拉丁学名：*Derris trifoliata*
分类地位：豆目Fabales 豆科Fabaceae 鱼藤属*Derris*

为害症状｜在红树植物的林冠下，鱼藤产生大量的匍匐茎和根状茎向林内扩散，新生的分株借助攀缘的鱼藤或红树植物树体向红树冠层生长，鱼藤长时间覆盖红树冠层，会导致林缘冠层下的红树植物因光照不足而逐渐枯萎、塌陷。

形态特征｜多年生藤本植物，奇数偶状复叶，多为5叶，3叶次之，7叶稀有；花期4—8月，果期8—12月。鱼藤的总状花序腋生或侧生，花梗聚生，花萼钟状，蝶形花冠为白色或浅粉色，旗瓣近圆形，翼瓣和龙骨瓣为狭长椭圆形。圆形、近圆形或长椭圆形荚果内种子多为1粒，偶见2粒，种子成熟后果荚不脱落。

●**防治方法**
定期进行人工清除。

落葵

拉丁学名：*Basella alba*

别　　名：蔏芭菜、胭脂菜、紫葵、豆腐菜、潺菜、木耳菜

分类地位：石竹目Caryophyllales 落葵科Basellaceae 落葵属*Basella*

为害症状 | 攀附生于秋茄树、桐花树等植物冠层，影响被附植物光合作用。

形态特征 | 一年生缠绕草本。茎长可达数米，无毛，肉质。叶片卵形或近圆形，顶端渐尖，基部微心形或圆形，全缘，背面叶脉微突起；叶柄上有凹槽。穗状花序腋生；苞片极小，早落；小苞片2枚，萼状，长圆形，宿存；花被片淡红色或淡紫色，卵状长圆形，全缘，顶端钝圆，下部白色，连合成筒；雄蕊着生花被筒口；花丝短，基部扁宽，白色；花药淡黄色；柱头椭圆形。果实球形，红色至深红色或黑色，汁液多，外包宿存小苞片及花被。花期5—9月，果期7—10月。

●**防治方法**

定期进行人工清除。

162

藤黄檀

●×××●××●

拉丁学名：*Dalbergia hancei*
别　　名：红香藤、藤香、鸡腿香、降香、小叶降真香
分类地位：豆目 Fabales 豆科 Fabaceae 黄檀属 *Dalbergia*

为害症状 | 可攀附生于银叶树上，吸收寄主养分，影响寄主植物光合作用，造成寄主生长衰弱。

形态特征 | 藤本。枝纤细，幼枝略被柔毛，小枝有时变钩状或旋扭。羽状复叶；托叶膜质，披针形，早落。总状花序远较复叶短，数个总状花序常再集成腋生短圆锥花序；花梗、花萼和小苞片同被褐色短绒毛；基生小苞片卵形；花萼阔钟状；花冠绿白色，芳香，基部两侧稍呈截形，具耳，中间渐狭，下延而成一瓣柄，翼瓣与龙骨瓣长圆形。荚果扁平，长圆形或带状，无毛，基部收缩为一细果颈。通常有1粒种子，稀2～4粒，肾形，极扁平。花期4—5月。

● **防治方法** ——
定期进行人工清除。

量天尺

拉丁学名：*Hylocereus undatus*

别　　名：霸王鞭、霸王花、剑花、三角火旺、三棱柱、三棱箭

分类地位：石竹目Caryophyllales仙人掌科Cactaceae量天尺属*Hylocereus*

为害症状 | 可攀附生于银叶树树干上，影响被覆植物生长。

形态特征 | 攀缘肉质灌木，长3.0～15.0米，具气根。分枝多数，延伸，具三角或棱，长0.2～0.5米，宽3.0～8.0（～12.0）厘米，棱常翅状，边缘波状或圆齿状，深绿色至淡蓝绿色，无毛；老枝边缘常胼胀状，淡褐色，骨

质；小窠沿棱排列，相距3.0～5.0厘米，直径约2.0毫米；每小窠具1～3根展开的硬刺，刺锥形，长2.0～5.0（～10.0）毫米，灰褐色至黑色。浆果红色，长球形，长7.0～12.0厘米，直径5.0～10.0厘米，果脐小，果肉白色。种子倒卵形，长2.0毫米，宽1.0毫米，厚0.8毫米，黑色，种脐小。

●**防治方法**--------------------------------------

定期进行人工清除。

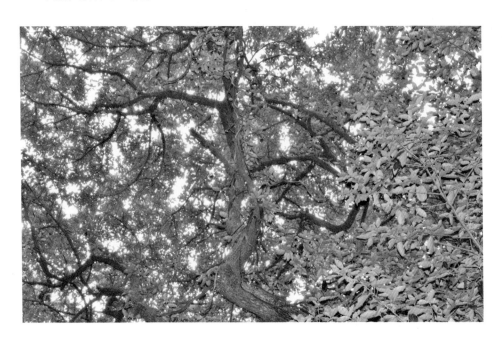

164

细圆藤

拉丁学名：*Pericampylus glaucus*

别　　名：广藤

分类地位：毛茛目Ranunculales防己科Menispermaceae细圆藤属*Pericampylus*

为害症状 | 可攀附生于木麻黄等半红树植物上，影响被附植物光合作用，使得树势衰弱。

形态特征 | 木质藤本，长达10余米。小枝常被灰黄色绒毛，老枝无毛。叶三角状卵形或三角状近圆形，稀卵状椭圆形，长3.5～8.0（～10.0）厘米，先端钝或圆，具小突尖，基部近平截或心形，具圆齿或近全缘，两面被绒毛或上面疏被柔毛或近无毛，稀两面近无毛，掌状脉3（5）；叶柄长3.0～7.0厘米，被绒毛。伞房状聚伞花序长2.0～10.0厘米，被绒毛；雄花萼片背面被毛，外轮窄，长0.5毫米，中轮倒披针形，长1.0～1.5毫米，内轮稍宽，花瓣6枚，楔形或匙形，长0.5～0.7毫米，边缘内卷，雄蕊花丝分离，聚伞花药6枚；雌花萼片及花瓣与雄花相似，退化雄蕊6枚，柱头2裂。核果红色或紫色；果核径5.0～6.0毫米。

165

●防治方法————————————

定期进行人工清除。

其他有害生物

团水虱

拉丁学名：*Sphaeroma* sp.
分类地位：等足目 Isopoda 团水虱科 Sphaeromatidae 团水虱属 *Sphaeroma*
分布地区：海南、广西、广东、福建，以及长江河口等地均有分布。

为害症状｜团水虱的蛀洞行为会对红树林造成危害，并潜在地限制红树林的向海范围。蛀洞会减少红树植物根系的形成，加快根系的萎缩，使红树植物营养元素或水分吸收受阻。树干基部和呼吸根遍布密集孔洞，根系结构遭到破坏，气生根的生长速度会减缓，气生根到达沉积物表面所需的时间会大幅度增加。而根部接触沉积物时间的增加，会减弱根部结构支撑能力和提供营养物质的能力，当遭受团水虱高强度的攻击时会进一步导致根部萎缩和破损，由于支柱根遭受到了严重的破坏，受害植株在风浪冲击下极易倒伏死亡。植株倒伏后，原本聚集在红树中的团水虱会借助水流扩散到周边其他红树林中，继续营穴居生活，进一步扩大为害面积。

形态特征｜身体可分为头部、胸节和腹节3个部分。腹尾节表面光滑或有小的突起，其末端没有凹口、凹槽和小孔。颚足触须第3～5节长有细长的刚毛。胸肢7对。腹足共有5对，每个腹足分为内外两肢，内肢相对较长。前三对腹足可以用来游泳，且第3对腹足的外肢无分节，后两对内肢有皱襞状结构，营呼吸作用。尾节两肢长度不相等，外肢相对较长。尾节外肢外缘有锯齿状结构，内肢不能活动，外肢不仅可以活动，还能够灵活地隐藏于内肢之下。

生 活 史｜热带地区团水虱的寿命大约是0.8年，生育活性高峰期是在秋季和晚春至初夏。

生活习性｜团水虱主要生活在热带和亚热带红树林中的潮间带，可在木质物、滩涂的泥沙、松软的岩石蛀洞而居，一旦蛀洞完成就留在洞中，外出活动频率减少。团水虱具有一定的避光性，倾向于在黑暗中生活，偏好贴附在底质的背光面。团水虱营滤食性生活，主要以腐烂的动植物碎屑或浮游生物为食。在洞中，用腹足不停地拍打水流，通过水流交换获得充足的食物和氧气。团水虱属部分物种具有蛀木习性。

●**防治方法**

（1）使用塑料薄膜对受害部位进行充分包裹。使用胶带或者绑绳将薄膜上部封死，下部则利用淤泥进行覆盖密封。通过减少或阻止受损部位蛀洞内的团水虱与外界的接触，将其困死在蛀洞内。在潮水上涨淹没受害红树植物根部前或退潮后，对红树植物受害部位进行喷水淋湿预处理，再对受害部位进行涂抹、喷洒食盐或进行盐敷。

（2）在木榄、桐花树红树林种植养殖耦合系统进行中华乌塘鳢养殖时，可

168

显著降低团水虱种群数量；蟹类对于团水虱具有一定捕食能力，能够起到控制团水虱数量的作用。

（3）选用二氧化氯颗粒或粉剂，将其与水混合，配置成浓度为6～8毫克/升的溶液，将完全溶解后的溶液装入喷雾器中。在潮水上涨淹没受害红树植物根部前或退潮后对红树植物受害部位喷施溶液，直到红树植物受害部位被淋透为止。每隔1天进行1～2次，5～8天即可消灭该部位团水虱。

为害症状（1）

为害症状（2）

浒苔
▪ ▪ ▪ ▪

拉丁学名：*Enteromorpha* sp.

分类地位：石莼目 Ulvales 石莼科 Ulvaceae 浒苔属 *Enteromorpha*

分布地区：在广东湛江、阳江等地红树林区域有发现。

为害症状 | 形成绿潮，沿岸大量堆积，严重影响海岸景观与沿海水产养殖业。浒苔易成为优势海藻，聚集、分解过程会造成严重的次生为害。浒苔在腐烂的过程中释放的大量营养物质又会被雨水重新带回海洋系统，造成循环污染。

形态特征 | 藻体管状或扁压，有明显的主枝，主干弯曲或严重扭曲，体内有气囊。多细长的分枝，有二次乃至三次分枝，其中有部分分枝为假分枝。分枝的直径明显小于主干，端部渐细，顶端为单列细胞。绿潮暴发时呈大规模漂浮生长，后期下沉消失。

生 活 史 | 同形世代交替，都是单倍体的配子体与二倍体的饱子体相互交替。生殖方式主要有3种：有性生殖、单性生殖及无性生殖和营养生殖。

生活习性 | 较高的盐度、温度、光照强度及碱性条件更有利于浒苔的孢子释放，并且温度、盐度和光照强度三者对浒苔生长存在显著的交互效应。因此浒苔属植物的适应力非常强，是一种广温性、广盐性及适应广泛光照范围的绿藻。浒苔在营养盐氮：磷为10∶1时生长最为适宜。浒苔对氮的需求很高，可以通过大量吸收水体中的氮和磷，减轻海区富营养化程度。

● **防治方法**————————————————————
使用推土机等建筑机械进行打捞和收集，同时加强跟踪监测。

为害症状（1）

为害症状（2）

为害症状（3）

藤壶

拉丁学名：*Balanus* sp.
分类地位：无柄目 Sessilia 藤壶科 Balanidae 藤壶属 *Balanus*
分布地区：藤壶分布甚广，几乎任何海域的潮间带至潮下带浅水区都可以发现其踪迹。
寄　　主：红树植物。

为害症状│藤壶的大量附着除了增加植株地上部分的重量和潮水对植株冲击的受力面积，增大了潮水对红树植物正常生长的干扰外，还通过藤壶在叶片上的附着堵塞叶片上的气孔和减少叶片的光合面积，进而影响植株的正常生长。在藤壶附着特别严重的地方，重重叠叠的藤壶附着使得整个群落中约1/3的植株死亡，并有约1/3的植株处于濒死状态。

形态特征│藤壶口前部直接附着在基底上形成一宽阔的附着面，顶端形成一圈骨板。骨板的中央顶端是成对的可动的背板与楯板，两侧的背板与楯板之间有裂缝状开口，蔓肢由此伸出。身体可分为头部与胸部，腹部退化。头部小触角用以附

为害症状（桐花）

着，或消失仅留有黏液腺，具很强的黏附力。大触角成虫期消失。6对胸足为双肢型分节蔓肢，细长具刚毛，用以捕食。没有心脏，但在闭壳肌之间有血窦，颚腺为排泄器官，食道周围有脑神经节，有中眼及复眼。几丁质外骨骼裹住外套壁及附肢，呈周期性蜕皮，而外套壁向外分泌的钙质板不脱落并不断增长，一般成体寿命2～6年。

生　活　史│藤壶的幼虫时期经历了一系列的变化：浮游、无节幼体、腺介幼虫。幼虫经5次蜕皮后变成腺介幼虫。

生活习性│藤壶的幼虫无节幼体，经2～3周的发育，成为腺介幼虫，腺介幼虫在合适的附着物上吸附、固定。藤壶成体可在附着基表面分泌出藤壶胶，使附着更加牢固。藤壶为雌雄同体，但多为异体受精。

●**防治方法**

用掺有农药的油漆对人工红树林幼苗茎干进行涂层处理，对藤壶的清除作用可达100%。

172

为害症状（1）

为害症状（2）

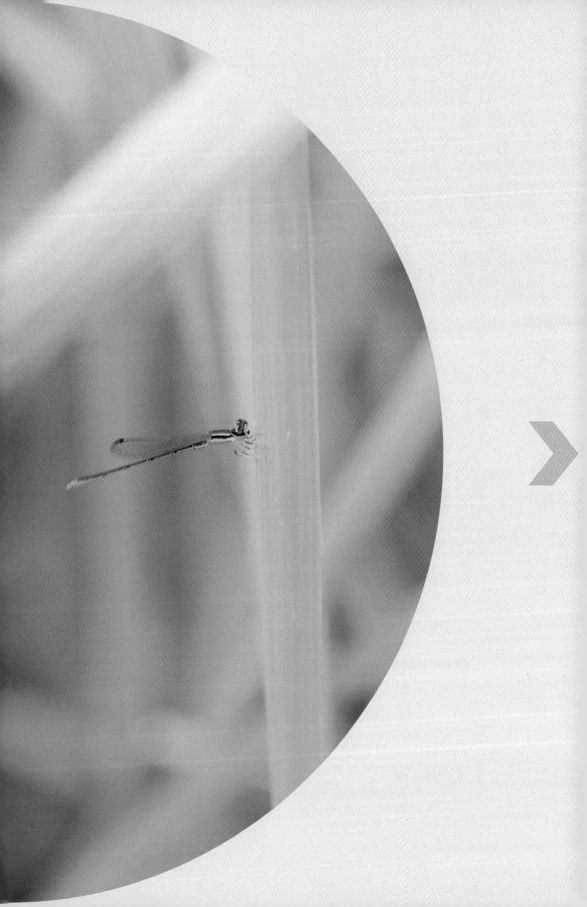

常见天敌

双齿多刺蚁

· · · · · · · ·

拉丁学名：*Polyrhachis dives*

别　　名：拟黑多刺蚁、鼎突多刺蚁、黑棘蚁

分类地位：膜翅目Hymenoptera蚁科Formicidae多刺蚁属*Polyrhachis*

捕食习性：食性较广，除捕食马尾松毛虫幼虫外，还捕食鳞翅目其他种类低龄幼虫及蛹，不食蚜虫，而嗜食其分泌的蜜露，也喜食人工供给的鱼、肉、糖、尿素、人尿等饲料。

分布地区：安徽、广东、广西、福建、海南、湖南、台湾、云南、浙江。

形态特征｜成虫：工蚁体长5.0～7.0毫米，头部具细小微皱，上颚咀嚼缘具5齿，触角细长，12节；体黑色，有时带褐色，被致密的金黄色横卧短绒毛；前胸2条背刺向前外侧略向下弯，后胸2条背刺近直立；并胸腹节背板刺直立，相互分开，弯向外侧；腹柄结节侧角有2枚趋向腹部的宽粗长刺，刺

成虫

基之间有2～3个小齿；后腹部短宽卵形，银灰色。雌蚁体长8.5～10.0毫米，黑色，有光泽，被稀疏的白色绒毛，头较小，单眼3枚，唇基前缘中央凹入，触角13节；前胸背板刺短小，后胸背板刺短钝，腹柄结节刺粗长；其余形态似工蚁。雄蚁体长5.5～6.5毫米；头小；单眼及复眼很大；触角13节，触角脊相距较窄；胸部和腹柄结节均无背刺，其余形态似工蚁。

卵：卵圆形，长0.9～1.0毫米，宽0.3～0.4毫米。初产时乳白色，椭圆形，4～5天后变为淡红色，卵体也明显变长，一周以后，头部、腹部区别明显。

幼虫：白色，初孵时体长5.0～6.0毫米，老熟幼虫体长7.0～10.0毫米，体宽2.0～2.5毫米。

茧：壳密实，将要羽化的蛹茧壳变为暗褐色。

蛹：白色，体长5.0～6.0毫米，体宽2.0毫米。少数为裸蛹。

生活习性｜完全变态昆虫。一年四季蚁巢内均同时有卵、幼虫、蛹和成虫。有翅雌蚁于9月上旬到10月下旬出现，性成熟后进行交尾，交尾时多在蚁巢外进行，雌蚁经多次交尾后翅膀脱落然后产卵。幼蚁在巢内要由职蚁哺育，幼虫经多次蜕皮后结茧化蛹。工蚁帮助咬破茧壳，成虫破壳而出。蚁巢一般营造于树冠上及林下灌木杂草丛中，成虫于12月上旬越冬，翌年3月上旬上树造巢。

双带盘瓢虫

∙∙∙∙∙∙∙

拉丁学名：*Coelophora biplagiata*

别　　名：锚纹瓢虫

分类地位：鞘翅目 Coleoptera 瓢虫科 Coccinellidae 盘瓢虫属 *Coelophora*

捕食习性：幼虫与成虫的食性相同，喜食蚜虫、木虱、叶蝉和飞虱。低龄幼虫喜食幼蚜，取食能力较弱，须借助前足抱住幼蚜，口器用力咀嚼，食完1只蚜虫后不立即觅食。老龄幼虫喜食成蚜和有翅蚜，食性凶猛，食量大，吃完1只蚜虫即行另觅猎物。

分布地区：广东、云南、福建、台湾、江西、广西、江苏、西藏、湖北、四川等地。

形态特征 | **成虫：** 体长5.0～6.5毫米，体宽4.6～5.2毫米。虫体周缘近似圆形，体背强烈拱起，无毛；雄虫头部黄色，雌虫头部黑色，复眼侧有窄长的黄斑。触角细长，端节卵形。前胸背板黑色，两侧各有1个大型浅黄色斑；前缘具浅黄色带与两斑相连。小盾片黑色。初羽化的成虫鞘翅质软色淡，随后逐渐色泽加深，质地变硬，每1个鞘翅的中央各有1个横置的红黄色斑。足黑色，胫节、跗节色较浅。

177

生活习性 | 成虫多在4:00—8:00羽化，羽化后6～8天开始交配，温暖季节可多次交配、多次产卵，每次交配历时3小时多。产卵时间多在早上或下午，雌虫一生均有产卵能力，每日产卵1～2次，每次产卵数由几粒到几十粒不等，卵粒聚集。幼虫多在夜间和早上孵化，初孵幼虫聚集于卵壳表面或周围，经4～5小时后开始活动，先吃掉卵壳，然后分散觅食；幼虫共4龄，蜕皮时间多在早上，幼虫在适宜条件

成虫（雌）

下发育，体色斑纹较为稳定，气温过高、过低或光照不足、食料欠缺等不良环境条件下，体色常发生变化；食料缺乏时，幼虫有自相蚕食现象，幼虫耐饥力一般为3～5天；老熟幼虫身体缩短，以腹末固着于叶片或其他物体上，进入预蛹，继而脱皮化蛹。春季多雨影响成虫活动，且易被霉菌寄生致死。

成虫（1）

成虫（2）

六斑月瓢虫

拉丁学名：*Cheilomenes sexmaculata*

分类地位：鞘翅目Coleoptera瓢虫科Coccinellidae月唇瓢虫属*Cheilomenes*

捕食习性：主要取食蚜虫，如棉蚜、豆蚜、苜蓿蚜、橘蚜、鬼针蚜和柏蚜等，其中最嗜食棉蚜和豆蚜。此外，尚可见取食麦长管蚜、桃粉蚜、菜蚜等。松蚜、台湾长足大蚜则是越冬前后，即晚秋和早春的捕食对象。

分布地区：我国东北地区、四川、贵州、云南、湖南、福建、台湾，在广东湛江、中山、珠海淇澳岛、广州南沙红树林区域均有发现。

形态特征 | **成虫**：雌虫体长4.3～6.3毫米，体宽3.4～5.3毫米；雄虫体长4.2～5.9毫米，体宽3.4～5.0毫米，周缘椭圆形。头部黄白色，复眼黑色，触角、口器黄褐色。前胸背板黑色，两侧各有黄白色的四边形斑，前缘黄白色，呈带状与两侧斑相连。鞘翅底色为黑色，具4个或6个淡色斑，腹面中部黑色至黑褐色。雌、雄虫前胸背板黑色斑形状不同，雄虫为"工"字形，雌虫则为弧形。

卵：梭形，长1.08毫米，宽0.6毫米，表面光滑，淡黄色，刚孵化时淡黑色，但顶部色泽仍较淡。

若虫：体纺锤形，中胸以后各体节具毛刺，呈半环状排列。虫体黑色，但1龄时具白斑。4龄幼虫前、中、后胸背部中间具2个毛刺，第1、第4腹节的各个毛刺和胸部、腹部各节体侧的毛刺为白色，其他各毛刺大都为黑色。

蛹：卵圆形，长4.5～5.5毫米，宽3.0～4.2毫米，黄褐色，前胸背有黑褐色粗斑，翅后缘黑褐色，腹部第3～8节背面各有1对黑褐色斑点，其中第4、第5节背面黑斑为三角形。

生活习性 | 成虫一生可交尾多次，具有较强的耐饥力；卵产于寄居植物的叶背及其附近，通常8～11粒竖排在一起，同块卵孵化整齐；初孵幼虫集中在卵壳附近，停息6小时左右即分散；4龄幼虫蜕皮时不食不动，身体呈弧形，用腹部末节突起固着在植物上，爬行力较强，能在寄居植物株间扩散，食量随龄期增长而增大，在缺食状态下，幼虫能自相蚕食；老熟幼虫化蛹前，以腹部末节突起固定其躯体，化蛹时，脱下的皮壳置于蛹体尾端，化蛹部位通常在寄居植物的叶背、叶面或附近，一般单个，也有数个聚集在一处的；越冬的成虫一般栖息于当年生枝条与新嫩芽交接处，整个身体插在松针之间，用足固着针叶基部。

179

成虫（交配）

成虫（雄）

狭臀瓢虫

拉丁学名：*Coccinella transversalis*
别　　名：波纹瓢虫
分类地位：鞘翅目Coleoptera瓢虫科Coccinellidae瓢虫属*Coccinella*
捕食习性：取食蚜虫、介壳虫和木虱。
分布地区：福建、湖南、广东、广西、云南、西藏、贵州、海南、台湾、香港。

　　形态特征｜**成虫**：体长5.0～7.0毫米，体宽4.0～5.0毫米。虫体卵形，后端狭缩尖出，背面显著拱起，光滑无毛。前胸背板黑色，前角有近长方形的橘红色斑。小盾片黑色。鞘翅红黄色，鞘翅外缘不向外平展，鞘缝黑色，黑色的鞘缝在小盾片之后扩大成长圆形的缝斑，末端之前向两侧扩展成矢形斑，各个鞘翅上有3个黑色横斑，前斑"人"字形，中斑横形，后斑靠近端部。腹面黑色，中、后胸后侧片及后胸前侧片端部和第一腹板前角黄色。足黑色。

　　生活习性｜生活于平地至低海拔山区，成虫、幼虫皆以蚜虫等为食。

成虫

赤星瓢虫

拉丁学名：*Lemnia saucia*

别　　名：黄斑盘瓢虫

分类地位：鞘翅目 Coleoptera 瓢虫科 Coccinellidae 和盘瓢虫属 *Lemnia*

捕食习性：捕食介壳虫。

分布地区：内蒙古、山东、河南、山西、甘肃、云南、贵州、四川、湖南、上海、浙江、江西、福建、广东、广西、海南、台湾、香港。

成虫

形态特征 | 成虫：体长6.0～7.0毫米，体宽4.5～5.5毫米，近圆形，腹面平，橙色，雌虫较大。头部不明显，触角短锤状，复眼1对，咀嚼式口器，下颚须斧状，中胸腹板发达；鞘翅中央鲜红色，边缘黑色；腹部可见5节；跗节3节。

卵：长1.0毫米左右，长椭圆形，白色。卵产于介壳虫的卵块里，也有产于介壳虫腹部的。

幼虫：体长可达7.0毫米，灰黑色，全身布满肉刺，受伤后，能分泌出一种黄色液汁。

蛹：偏卵形，棕褐色。

生活习性 | 成虫有假死性，不能长距离飞行，适宜温度为8～26℃，一年四季均能交配。幼虫蜕皮时，肛阴分泌黏液，将尾部固定在枝叶上，停止取食，背脊开裂，幼虫从背枝钻出。3龄、4龄的幼虫蜕皮后取食量特别大。幼虫在缺食的情况下，到处乱爬，一天内可以爬到相距十多米远的别株觅食。幼虫怕日晒。幼虫第3次蜕皮（4龄）再取食6～8天，停止取食，尾部固定在枝条或叶片上，虫体缩短，肉刺硬化，第3、第4日背脊裂开，附着在老熟幼虫壳内，蛹期10天左右。

红肩瓢虫

●●●●●●●●●●

拉丁学名：*Harmonia dimidiata*

别　　名：小十三星瓢虫

分类地位：鞘翅目 Coleoptera 瓢虫科 Coccinellidae 和瓢虫属 *Harmonia*

捕食习性：成虫捕食蚜虫，幼虫捕食粉虱和木虱的成虫、若虫等。

分布地区：西藏、云南、贵州、四川、湖南、福建、广东、广西、香港。

形态特征 | **成虫：**体长7.0～10.0毫米，体宽7.0～10.0毫米，触角长度略大于额宽。虫体近圆形，背面强烈拱起，光滑无毛，体基色为橙黄色或橘红色。复眼、小盾片黑色。前胸背板中线基部两侧各有1个黑斑，基部连接，并与背板后缘连接。鞘翅分红、黄两色型：红色型黑斑占鞘翅面积的一半以上，仅肩部红色；黄色型每个翅有7个斑，呈1-2-3-1排列。体腹面为黄褐色至橙黄色，头部、前胸背板及鞘翅有均匀而细小的刻点。雄虫第4腹板后缘有4个匀整的小浅凹，第5腹板后缘浅弧形凹入；雌虫则呈宽舌形突出。腹板后缘雄虫呈圆形凹入，在凹缘处着生密毛，雌虫则呈圆突状。足密被细毛，爪基部具刺。

生活习性 | 不详。

183

成虫

齿缘龙虱

拉丁学名： *Eretes* sp.

分类地位： 鞘翅目 Coleoptera 龙虱科 Dytiscidae 齿缘龙虱属 *Eretes*

捕食习性： 成虫和幼虫捕食孑孓等水生昆虫、小鱼、蝌蚪和体软动物。

分布地区： 西藏、云南、贵州、四川、湖南、福建、广东、广西、香港。

形态特征｜成虫： 体长10.5～19.0毫米，卵圆形，前端略窄，末端宽圆，背面扁平，腹面略拱。头灰色、灰黄色至棕褐色，额区中央具黑色椭圆形横斑，后缘具一较宽的黑色横斑；前胸背板灰色、灰黄色至棕褐色，前后缘具深色窄边。鞘翅灰色、灰黄色至棕褐色，鞘缝具深色窄边，翅侧缘中部、横带侧缘及近末端各具一较大斑，刻点列明显，排成3列，中部以后黑斑密，形成不明显波形横带，鞘翅侧缘后半部分具1列锯齿；腹面棕黄色；足棕黄色，前中足腿节后缘具长缘毛，后足腿节、胫节光滑。雄虫前爪不对称，内爪略短。

生活习性｜ 常栖息在水塘、水潭、稻田及河流中，且一出现便数量众多，是水体中的强捕食者；幼虫发育至成虫大约需要10天，可以避免被大型水生掠食者捕食，也减少了与其他龙虱的竞争；成虫十分活跃，有很强的趋光性；成虫和幼虫均具有捕食性，捕食水生昆虫孑孓等。

184

成虫

点铃腹胡蜂

拉丁学名：*Ropalidia* sp.
别　　名：铃腹胡蜂
分类地位：膜翅目 Hymenoptera 胡蜂科 Vespidae 铃腹胡蜂属 *Ropalidia*
捕食习性：喜食鳞翅目昆虫幼虫。
分布地区：广东、广西、海南。

成虫（1）

成虫（2）

185

形态特征｜成虫： 雌虫体长约10.0毫米，头宽于前胸，窄于中胸。触角窝之间有1条黄色竖条纹。触角柄节基部棕色，柄节、梗节和鞭节背面棕红色，腹面黄色。前胸背板呈截状，沿前缘有1条黄色窄带，其余棕红色。中胸背部棕红色。小盾片矩形，呈黄色。并胸腹节斜向下，中央有1条黑色沟，两边各有1个黄色斑，两侧面各有1个黄色不规则大斑，中胸侧板棕红色，3个黄色条斑呈三角状分布；后胸侧板黑色。翅基片黄棕色，翅棕色，前、中足基节有黄斑，各节均为棕色。腹部第1节背板基部细柄状，端部变粗，棕红色，两侧各具1个黄色长斑，腹板基部窄端部放宽，近三角形，棕红色。第2节背板、腹板端部边缘具黄色窄带，近基部两侧各有1个黄斑，第3～6节背、腹板均为棕色。雄虫近似于雌虫，腹部7节。

生活习性｜ 社会性昆虫，一般12～13℃时出蛰活动，16～18℃时开始筑巢、繁殖，25℃为最适活动温度，秋后气温降至6～10℃时越冬。春季中午气温高时活动最勤，下午随气温下降活动亦随之减少。夏季气温高，早晨活动时间提前，中午炎热，常暂停活动。晚间归巢不动。有喜光习性。相对湿度为60％～70％时最适于活动，雨天停止外出。嗜甜。捕食幼虫时不蜇刺，用足抱牢被害植物后以上颚咬食。

斑翅恶姬蜂显斑亚种

拉丁学名： *Echthromorpha agrestoria notulatoria*

分类地位： 膜翅目Hymenoptera姬蜂科Ichneumonidae恶姬蜂属*Echthromorpha*

捕食习性： 寄主有茶蓑蛾、巢蓑蛾、茶白纹螟、马尾松毛虫、天蛾、茶白毒蛾、茶茸毒蛾、蚕蛾等鳞翅目昆虫的幼虫。

分布地区： 浙江、江西、湖南、四川、台湾、广东、广西、海南。

形态特征｜成虫： 雌虫体长10.5～18.5毫米，前翅长10.0～16.0毫米。颜面向下收窄，表面光滑，唇基长、宽相等，分为上、下两部分；颚眼距为上额基部宽的1.3倍；触角黑褐色，基部赤褐色，33节；体黄色至赤褐色，有黑色斑纹；前胸背板光滑，中央具横刻条，并胸腹节无中纵脊和外侧脊。翅透明，稍带淡黄色，翅脉、翅痣及前翅的翅尖有黑褐色的大斑。雄虫体较小，体长约10.0毫米，前翅长约9.5毫米；触角31节，各节较粗，中央稍细，侧单眼间距和单复眼间距约相等，前胸背板中央无横皱条，腹部刻点较细。

生活习性｜ 均在蛹内羽化，单寄生。

成虫

细颚姬蜂

拉丁学名：*Enicospilus* sp.

分类地位：膜翅目Hymenoptera姬蜂科Ichneumonidae细颚姬蜂属*Enicospilus*

捕食习性：寄生于中型或大型鳞翅目昆虫幼虫体内，以夜蛾科、毒蛾科和枯叶蛾科为主，灯蛾科、尺蛾科、蚕蛾科、舟蛾科等也有被寄生的记录。

分布地区：广东、四川、湖南、江西、浙江、内蒙古。

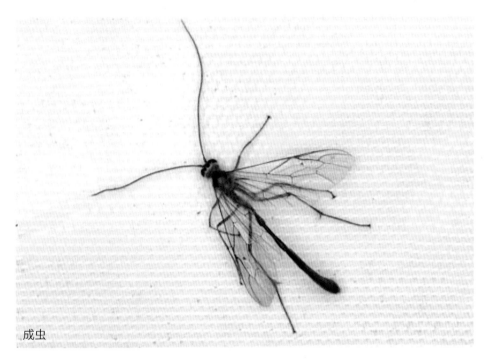

成虫

形态特征｜成虫：前翅长25.0毫米，体通常细瘦，黄褐色，上颊短而收窄，单复眼大，两者几乎不相接，触角细长，上颚端部甚细，且扭曲，中部宽度约为基部的0.35倍，并胸腹节常有基横脊，中部和亚端部有横行细皱，翅痣很窄，径脉基部离翅痣基部距离约为痣宽的1.5倍，第1横脉在第2回脉外侧，其间距大于前者长度之半；盘肘室径室基部下方有一无毛的透明斑，其内通常有1～3个骨化片；腹部强度侧扁；第1节气门位于该节后方，产卵管通常不长于腹末高度。蜂茧质地紧密，茧壁较硬，长椭圆形，通常呈淡黄褐色。

生活习性｜成虫产卵于寄主幼虫体内，幼虫孵化后亦在寄主体内取食，起初并不影响寄主发育，老熟后从寄主体壁钻出，在寄主茧内结茧。寄生蜂幼虫钻出之后的寄主幼虫则仅剩头壳和萎缩的体壁，残留在寄主茧和蜂茧之间。单寄生。具有趋光性。

缘斑脊额姬蜂

拉丁学名：*Gotra marginata*

分类地位：膜翅目 Hymenoptera 姬蜂科 Ichneumonidae 脊额姬蜂属 *Gotra*

捕食习性：鳞翅目昆虫的幼虫，主要为黏虫。

分布地区：台湾、广东、广西、云南。

　　形态特征｜**成虫**：雌虫体长11.0～14.0毫米；前翅长9.0～11.0毫米。头及前胸背板黑色，复眼黑色，颜面宽约为长的2倍，满布刻点；触角大而光滑，黑色，细长，触角长为前翅的1.05倍，36～37节，中央段白色，至端部渐粗。前胸背板上缘隆起，前沟缘脊强；中胸盾片密布刻点；后缘左右各有1条白色斜斑，中胸盾片腹末节白色，气门长椭圆形。腹部长纺锤形。体黑色，多黄白色斑纹。翅透明，稍带烟黄色，翅痣及翅脉黑褐色。足赤黄色，基节基部前面具黄白色毛，后足跗节至后端渐黑褐色。雄虫与雌虫相似。体长8.5～12.5毫米，前翅长7.0～10.0毫米；触角长为前翅的1.3倍，38～40节，腹部细瘦，后柄部长稍大于端缘，腹端部侧扁。

　　生活习性｜不详。

成虫

广黑点瘤姬蜂

拉丁学名： *Xanthopimpla punctata*

分类地位： 膜翅目 Hymenoptera 姬蜂科 Ichneumonoidae 黑点瘤姬蜂属 *Xanthopimpla*

捕食习性： 寄生于多种鳞翅目昆虫的4～5龄幼虫和蛹内，单寄生。

分布地区： 河北、北京、山东、河南、陕西、江苏、上海、浙江、安徽、江西、湖北、湖南、四川、台湾、福建、广东、广西、贵州、云南、西藏。

成虫

　　形态特征｜成虫： 体长10.0～12.0毫米，体黄色，常具黑色斑点或斑纹。头短，横形，头宽窄于胸宽。触角褐色，复眼、单眼区、中胸盾片上横列三纹。腹部第1、第3、第5、第7背板上各具1对黑色斑点；雄虫常在腹部第4或第6背板上也有1对黑斑，但较小；翅透明，翅痣及翅脉暗褐色；后足胫节基部、产卵器鞘均呈黑褐色，产卵器的长为后足胫节的1.8倍。

　　生活习性｜ 成虫产卵于幼虫体内，寄主可以正常化蛹；幼虫寄生于蛹内取食，完成发育后也在寄主蛹内化蛹，羽化后咬破寄主蛹前端飞出。发生于2—10月，对棉小造桥虫蛹寄生率达10%～70%，对稻苞虫寄生率达20%～40%。

墨管蚜蝇
●●●●●●●

拉丁学名： *Mesembrius* sp.

分类地位： 双翅目 Diptera 食蚜蝇科 Syrphidae 墨管蚜蝇属 *Mesembrius*

捕食习性： 幼虫捕食植物叶片、灌丛、草丛中的蚜虫。

分布地区： 在广州南沙红树林区域有发现。

成虫

　　形态特征 | **成虫：** 体较小，头部半圆形，头顶三角区黑色。额突起，颜面宽，从触角基部到口缘几乎平直。不凹陷或微凹。颜面中带黑色或黄褐色，具金属光泽。复眼裸，雄虫复眼仅在触角上方有一点接触。触角较头短，黑色或黄褐色，第3节卵形或长卵形，约等于基部2节之和，背芒裸。中胸背板黑色，具浅色纵条纹和浅色毛。小盾片黄褐色或基部黑色，端部黄褐色。翅透明，缘室开放。后胸腹板退化为中后足基节之间的矛状骨片。足黑色，具浅色斑。后足第1跗节基部腹面具顶端呈球状膨大的毛片。腹部长卵形或两侧平行，黑色，具黄色或橘黄色横斑和横带。

　　生活习性 | 不详。

棉古毒蛾寄蝇

拉丁学名：*Carcelia* sp.
别　　名：棉古毒蛾狭颊寄蝇
分类地位：双翅目 Diptera 寄蝇科 Tachinidae 狭颊寄蝇属 *Carcelia*
捕食习性：捕食鳞翅目 13 个科昆虫的幼虫。
分布地区：北京、黑龙江、吉林、辽宁、河北、山西、上海、江苏、浙江、安徽、江西、湖南、广东、广西、福建、四川、云南等地。

形态特征 | **成虫：** 单眼鬃发达，外侧额鬃缺如，外顶鬃与眼后鬃无区别。复眼具密毛，狭颊，窄于触角基部至复眼的距离，下颚须、前缘基鳞、新月片、小盾片端部黄色；间额、翅肩鳞、小盾片基部黑色。体长约10毫米，全身被黑毛，覆浓厚的灰白色粉被。前胸腹片被毛，前胸侧片裸，翅薄透明，翅肩鳞黑化。触角第1、第2节常为黄褐色或黑褐色，触角第3节黑色，长于第2节。胸部盾片具5条黑纵条，腹部第3、第4背板后缘具黑色横带纹，腹背中部具黑中线。

生活习性 | 广东1年发生12～14代，寄生率一般在20％左右，最高可达80％，以幼虫和蛹越冬。具有较强的喜光、喜温和喜潮湿性。喜寄生于棉古毒蛾幼虫体内。

191

成虫（背面）

成虫（腹面）

猎蝽

拉丁学名：待鉴定

分类地位：半翅目Hemiptera猎蝽科Reduviidae

捕食习性：捕食蝉类、鳞翅目昆虫幼虫、虻类、蝇类及蜂类，可捕捉虫体较之更大的昆虫。

分布地区：分布广泛，在广东广州南沙红树林区域有发现。

形态特征 | **成虫**：头在眼后伸长变细，头顶常具横沟，触角4节，具更前节，2～4节复分为多节；前胸背板具发音沟；后胸臭腺沟与挥发沟强烈退化；前足特化为捕捉足。

生活习性 | 猎蝽栖息场所多在低矮的灌木、草丛中，常静伏在栖息处，当猎物在此处活动便可捕食，也可主动攻击猎物。

成虫

李氏腹刺猎蝽

拉丁学名：*Nagustoides lii*
分类地位：半翅目Hemiptera猎蝽科Reduviidae腹刺猎蝽属*Nagustoides*
捕食习性：捕食多种小动物。
分布地区：广东、云南。

形态特征｜体中型，褐色至暗褐色，细长。雌雄异型，雌虫体形大于雄虫，腹部向两侧扩展，体表具弯曲的短刚毛，头部圆柱形。触角纤细，第1触角节最厚最长，雄虫第1触角节略长于头和前凸，雌虫第1触角略短于头和前凸；第2触角节长于第3触角节；第3触角节近等于第4触角节。眼间部分有2个小结节，眼后部分和眼顶上方有一些较小的散在的小结节或小刺，雄虫的腹部几乎平行于外侧。

生活习性｜不详。

193

成虫（1）

成虫（2）

黾蝽

拉丁学名：*Gerris* sp.

别　　名：水黾

分类地位：半翅目 Hemiptera 黾蝽科 Gerridae 黾蝽属 *Gerris*

捕食习性：以落入水中的小型昆虫、节肢动物体液、死鱼为食，或吸食小昆虫尸
体。

分布地区：全国各地均有分布，在广东广州南沙红树林区域有发现。

　　形态特征｜**成虫：**体狭长，纺锤形，体色暗，黑色、褐色或棕色，密被
短细绒毛。雌、雄虫差异不明显，雌虫体稍大。头部相对较小，前伸，头顶中
央无纵沟。复眼大而突出，半球形，位于头基部侧方。单眼不发达。触角4节，
细，长于头，端部白色。前胸背板中央有1条纵向深色浅沟，前部和后部有黑
色不规则斑。前翅基部淡黄色，翅脉深褐色。臭腺孔位于后胸腹部后缘近中央。
前足缩短，中足和后足长而细。跗节短于胫节。腹部8节，生殖节由第7、第8节
愈合形成。

194

　　生活习性｜黾蝽生活在大陆上所有池塘、湖泊、小的河流、水泛地等区
域内，能通过河口进入港湾，甚至在很小的水洼水面也能见到。黾蝽是渐变态
昆虫，一生经历卵、若虫、成虫3个阶段。环境条件的稳定性和隔离性是短翅
型个体出现的附加条件，但长翅型个体也能生活在临时性的水域。雌、雄虫的
联络方式似人们收发电报。黾蝽可以轻易地立在水面并在水面快速划行、跳
跃，但足不被水所润湿。

成虫

亚洲姬蠊

拉丁学名：*Blattella asahinai*

别　　名：朝氏姬蠊、阿氏姬蠊

分类地位：蜚蠊目 Blattaria 姬蠊科 Blattellidae 姬蠊属 *Blattella*

捕食习性：以其他昆虫的卵为食，如鳞翅目昆虫。

分布地区：山东、浙江、云南、西藏、台湾、广东、海南。

形态特征 | **成虫：** 前胸背板长、宽均为2.0～3.8毫米，前翅长9.7～12.0毫米，体翅长11.0～15.0毫米。体黄色或黄褐色。头顶复眼间具褐色斑纹，复眼间距略窄于触角窝间距。前胸背板近梯形，后缘钝圆，中域具2条纵向的浅色至黑褐色条纹。前后翅发育完全，伸过腹部末端，翅端顶三角区小。前足腿节腹缘刺式A3型，跗节多刺，具爪垫，爪对称，具中垫。初龄幼虫触角2～3节。

生活习性 | 飞行能力较强。不喜欢接近人类，喜食虫卵，尤其是一些对农业造成危害的鳞翅目昆虫的卵。

195

成虫

针尾细蟌

拉丁学名：*Aciagrion migratum*
分类地位：蜻蜓目 Odonata 蟌科 Coenagrionidae 细蟌属 *Aciagrion*
捕食习性：成虫捕食蚜虫、飞虱、蝗虫幼虫等。
分布地区：贵州、云南、浙江、福建、台湾、广东、广西、香港。

　　形态特征｜**成虫：**腹部长24.0～26.0毫米。体小型，细长。雄虫胸部底色为蓝绿色，体侧具有2条黑色条纹位于前端；腹部背侧黑色，中部的节很长，基部和端部的节很短，第8～10节的总长约与第7节相等，末3节呈淡蓝色；翅很窄，透明，端圆或稍尖，方室前边短于后边，外端呈锐角，足短而弱，具不甚长的刺；肛附器很短。雌虫外观略似雄虫，但整体体色较淡。

　　生活习性｜不详。

成虫

黄尾小螅

拉丁学名：*Agriocnemis pygmaea*

别　　名：橙尾细螅

分类地位：蜻蜓目Odonata螅科Coenagrionidae小螅属*Agriocnemis*

分布地区：广东、香港、福建、台湾、陕西、四川、河南、江西、海南。

形态特征｜成虫： 体长21.0～25.0毫米，腹长16.0～18.0毫米，后翅长9.0～12.0毫米。雄虫复眼上黑色下绿色，单眼后色斑淡绿色。合胸背前方黑色，左右各具1条黄绿色肩前条纹，侧面及腹面淡黄蓝色。腹部第1～7节背面黑色，腹面淡绿色；第7～10腹节略膨大，橙黄色。翅透明，前后翅痣大小和形状相同，颜色不同，前翅的翅痣具淡褐色，后翅的翅痣具黑褐色。雌虫的腹部灰绿色，末端不具橙色斑。未成熟雄虫腹部末端橙色斑较发达，未成熟雌虫合胸侧具橙、红、紫等色型。

生活习性｜ 稚虫生活在水中。成虫栖息于海拔1 000米以下水草茂盛的湿地、水塘和沼泽等周围的植被中，寿命较短，飞行期2—12月。

197

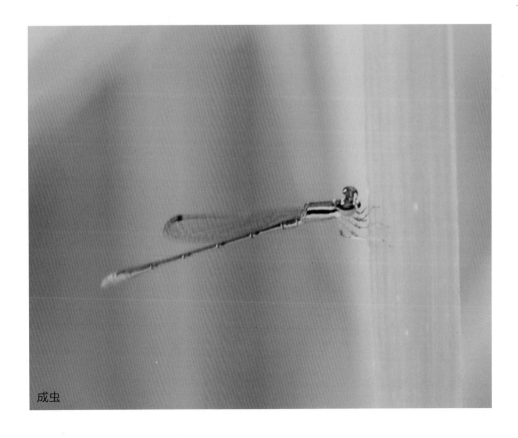

成虫

琉球橘黄螅

● ● ● ● ● ● ● ● ● ●

拉丁学名：*Ceriagrion auranticum*
别　　名：翠胸黄螅
分类地位：蜻蜓目Odonata螅科Coenagrionidae黄螅属*Ceriagrion*
捕食习性：比其小的昆虫。
分布地区：福建、海南、广东、浙江、台湾、香港、广西。

形态特征 | **成虫：** 复眼绿色，额及头顶橙色。前胸橙色，合胸橄榄绿色。腹部橘红色，雄虫腹部鲜橙色；雌虫腹部则呈淡咖啡色。翅透明，翅痣橙色。

生活习性 | 主要生活在池塘边、沼泽、农田或水体附近的草地。具有攻击性，喜欢捕获较小型的豆娘，咬噬后便会把它们吃掉。

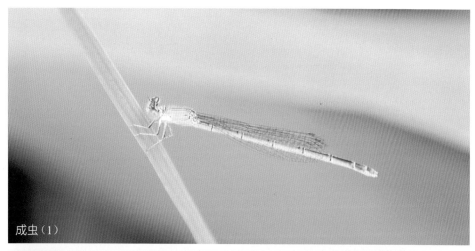

成虫（1）

成虫（2）

绿斑蟌

●●●●●●●●

拉丁学名：*Pseudagrion microcephalum*

分类地位：蜻蜓目Odonata蟌科Coenagrionidae斑蟌属*Pseudagrion*

捕食习性：稚虫捕食水中小昆虫。

分布地区：福建、海南、台湾、香港、广东、广西、贵州。

形态特征 | **成虫：** 雄虫复眼上黑色下蓝色，合胸主要呈蓝色偏绿色，具黑色条纹，腹部背面黑色、侧面蓝色，第2腹节只有半截为黑色，第8～9腹节全蓝色。雌虫复眼上褐色下绿色，合胸褐绿色，腹部黄绿色。

生活习性 | 栖息于植被茂盛的池塘边。喜爱低地溪流。在湿地公园中也可偶见其踪影。稚虫生活在水中，爬出水面羽化。3—11月可见。

成虫（1）

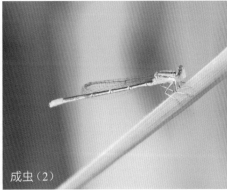
成虫（2）

成虫（3）

黄翅蜻

拉丁学名：*Brachythemis contaminata*
别　　名：褐斑蜻蜓
分类地位：蜻蜓目 Odonata 蜻科 Libellulidae 黄翅蜻属 *Brachythemis*
捕食习性：稚虫可捕食小型昆虫及水中的小鱼。
分布地区：广东、福建、香港、江苏、浙江、云南、台湾。

形态特征｜**成虫**：腹长27.0～31.0毫米，后翅长20.0～23.0毫米。雄虫面部橄榄绿色，复眼上褐色下灰色，合胸橄榄棕色至红棕色，侧面具不清晰深色条纹。腹部为红褐色，具细小的褐色斑，前后翅仅翅前缘2/3为黄褐色，翅痣红色。足黄褐色，具黑刺。雄虫面部黄白色，复眼上褐色下绿色，身体淡黄褐色，腹背面具淡黄色条纹，翅膀透明，翅痣黄色，腹部浅

成虫（1）

青褐色，背部中央有1条黑色条纹。未成熟雄虫身体颜色接近雌虫。

生活习性｜栖息于1 500米以下地区，喜欢生活在排污沟渠、池塘和贮水池等被污染的水域。飞行时贴近地面，栖息在水草上。在池塘、沼泽和贮水池产卵。全年可见。

成虫（2）

200

异色灰蜻

拉丁学名：*Orthetrum melania*

分类地位：蜻蜓目 Odonata 蜻科 Libellulidae 灰蜻属 *Orthetrum*

捕食习性：主要以昆虫为食，除了苍蝇和蚊子以外，也吃蝶类和蛾类等。

分布地区：北京、河北、山东、江苏、浙江、四川、云南、福建、广东、广西。

形态特征 | **成虫**：体长51.0～55.0毫米；雄虫腹部长34.0～35.0毫米，后翅长40.0～44.0毫米；雌虫腹部长32.0毫米，后翅长41.0毫米。雄虫头部黑褐色，面部全黑色，密生黑色短毛，前唇基部及额部黄褐色。翅胸深褐色，被蓝灰色粉。合胸侧面第1和第3条纹有模糊的痕迹状。翅透明，翅痣黑褐色，翅末端稍染褐色。后翅基部具黑褐色大斑，前翅斑小，呈三角形。足黑色，具小刺。腹部第1～7节灰色，第8～10节黑色，整个腹部被蓝灰色粉。雌虫体色为黄色，腹部肥大粗壮。

幼虫：未老熟雄虫同雌虫，合胸背面黄色，两侧各有1条黑色宽条纹，并与第1条纹相融合。合胸侧面黄色，第2和第3条纹相融合，呈较宽的黑色条纹，覆盖气门。腹部黄色，第1～6节两侧具黑斑；第7～8节黑色；第8节侧下缘扩大呈叶片状。

生活习性 | 全年可见，栖息于海拔2 000米以下的湿地、水塘和沟渠。较喜欢在干燥的地方停歇，特别是石头上。成虫飞行能力强，速度快，较难捕捉。稚虫生活在水中，捕捉小于自己体形的动物，爬出水面羽化。

成虫

斑灰蜻

拉丁学名：*Orthetrum poecilops*

分类地位：蜻蜓目Odonata蜻科Libellulidae灰蜻属*Orthetrum*

捕食习性：主要以昆虫为食，除了苍蝇和蚊子以外，也吃蝶类和蛾类等。

分布地区：福建、海南、广东、香港。

形态特征｜体长45～54毫米，腹部30～35毫米，后翅34～39毫米。雄性复眼蓝绿色，面部白色具黑色条纹；胸部背面覆盖白色粉霜，侧面具黄白色条纹，翅透明；腹部覆盖蓝白色粉霜，第1～3节膨大。雌性主要黄色具黑色条纹，老熟后腹部覆盖粉霜；腹部第8节侧面具不发达的片状突起。

生活习性｜飞行期为5—8月。主要生活在红树林中的小溪附近。

成虫

赤褐灰蜻

拉丁学名：*Orthetrum pruinosum*

别　　名：西里灰蜻

分类地位：蜻蜓目 Odonata 蜻科 Libellulidae 灰蜻属 *Orthetrum*

捕食习性：稚虫生活在水中，捕食其他水生小昆虫或鱼苗、鱼卵。成虫捕食飞行中的小昆虫，如蚊、蝇等。

分布地区：西藏、贵州、云南、浙江、江西、福建、广西、广东、香港、海南、台湾。

形态特征｜**成虫**：体形中等，体长46.0～50.0毫米，腹长29.0～33.0毫米，后翅长35.0～40.0毫米。雄虫与雌虫颜色完全不同，雄虫头部黑褐色，复眼灰褐色，面部红褐色，胸部褐色，翅基部具有小型褐色斑，腹部呈鲜艳的红色。而雌虫胸部、腹部均为耀眼的黄褐色，腹部侧缘具黑斑，第8节侧面具片状突起，翅基部金黄色。

生活习性｜全年可见；栖息于海拔2 500米以下的各类湿地、水库、沟渠、水稻田和流速缓慢的溪流。食性单一，不食腐。雄虫性成熟后，会在水源地附近划定自己的疆域，终日守候，直至雌虫到来完成交配，其间，常可见雄虫之间相互追逐、缠斗。交尾结束后，雌虫点水产卵，雄虫滞空护卫。稚虫爬出水面羽化，成虫飞行能力强。赤褐灰蜻种群小，数量少，属比较珍稀的品种，对于良好生态的依赖程度极高，属于良好生态环境的标志性生物。

203

成虫（1）

成虫（2）

狭腹灰蜻

拉丁学名：*Orthetrum sabina*

别　　名：杜松蜻蜓

分类地位：蜻蜓目 Odonata 蜻科 Libellulidae 灰蜻属 *Orthetrum*

捕食习性：是猎杀同类的高手，能捕食豆娘甚至和它一般大的蜻蜓。

分布地区：河南、江苏、浙江、贵州、四川、江西、福建、云南、广西、广东、香港、台湾、海南。

成虫

形态特征｜成虫：体长47.0～51.0毫米，腹长34.0～37.0毫米，后翅长33.0～35.0毫米。头部以黄色为主，额前周围具褐色隆起，额的上面及两侧淡黄色带绿色。头顶中央为1个大突起，前黑色后褐色，突起之前为一横贯单眼区域的黑色条纹。雄虫复眼墨绿色，面部黄色。后颈褐色，缘具毛。前胸黑色。前叶及背板中央具黄斑；后叶大部分呈黄色，缘具白色长毛。合胸背部黄绿色，具细毛及黑色小齿，两侧各有4条或5条黄绿色与深褐色纵条纹。翅透明，翅基部橙褐色，翅痣黄绿色。腹部第1～3节膨大如球，有黄绿色与黑褐色纵条斑；中部腹节显著细长，4～6节缩成棍棒状，第4腹节黑褐色，两侧具黄斑，第7～9节全黑色，第10节黄褐色。足基节、腿节及转节内侧黄色，其余黑褐色。雌虫与雄虫相似，但腹部较粗。

幼虫：口器锯齿状，6条腿粗壮。

生活习性｜全年可见；活动范围广，喜欢在田野、山谷、沟壑、水库周边停歇，不爱飞行，很少远飞，多数停歇在植物上；因雌虫无产卵器，所以只能借助点水的方式把卵产在水面，多产于山谷、沟壑中；幼虫阶段好动，对活动的微小生物反应敏感；捕食水面上的生物；羽化时翅芽白色，身体柔软，眼睛乳白色，口器退化。

粉蛉

●●●●●

拉丁学名： 待鉴定

分类地位： 脉翅目Neuroptera粉蛉科Coniopterygidae

捕食习性： 粉蛉的成虫与幼虫均为捕食性，可取食叶螨、蚜虫、介壳虫和飞虱等小型昆虫。

分布地区： 粉蛉科昆虫在我国广泛分布。在广东珠海淇澳岛红树林区域有发现。

形态特征 | 成虫： 体长2.0～3.0毫米，翅展3.0～5.0毫米。体及翅均覆有灰白色蜡粉。翅脉简单，无前缘横脉列，前缘包括肩横脉在内，也只有1～2条前缘横脉，纵脉仅有8～10条。触角黄褐色至深褐色，细长，柄节和梗节明显大于各鞭节，除末节外，各鞭节短小，且从基部到端部逐渐加长。复眼发达。前胸短小，足细长，密生细毛。

成虫

205

跗节5节，爪细小。翅2对，膜质，静止时，粉蛉可将翅后折成屋脊状。前后翅均覆有灰白色蜡粉。腹部10节，圆筒形，中部膨大。

卵： 长卵形，长0.5毫米左右，白色、黄色、橙色或粉色。卵壳表面粗糙，具有蜂窝状的花纹和微小突起，卵孔位于顶端的圆锥形突起上。

幼虫： 多分3个龄期，3龄幼虫体长1.5～2.0毫米，为纺锤形，胸部最宽。灰白色，具各种不规则色斑。

茧： 茧为双层白色半透明状，卵圆形，长约5.0毫米、宽2.5～3.0毫米。

蛹： 离蛹，初为乳白色，后变成黑褐色，在胸腹部具有不规则的斑点。

生活习性 | 雌虫一般将卵产在植物叶子的边缘或下面，幼虫的孵化借助于破卵器进行。初孵幼虫身体无色透明，取食后透过体壁可见消化道。充分取食后末龄幼虫于树叶上作茧，幼虫侧卧于茧中静止不动，进入前蛹期或预蛹期；成虫即将羽化时，用上颚把茧咬出不规则的洞然后爬出，初为灰白色，约48小时后开始由蜡腺分泌蜡质白粉。雌虫在与雄虫交配后，一天内就可产卵，而且多在夜间进行。粉蛉成虫具有趋光性，雄虫更为明显。在夏季的黄昏，可以看到成群的粉蛉婚飞的景象。粉蛉对红色和黄色具有一定趋性。

草蛉

拉丁学名：待鉴定

分类地位：脉翅目Neuroptera 草蛉科Chrysopidae

捕食习性：成虫可食花粉、花蜜，可也捕食叶螨和鳞翅目昆虫的卵。幼虫可捕食海榄雌瘤斑螟幼虫。

分布地区：广东等地。

形态特征｜**成虫：**体细长，成虫体长约10.0厘米，虫体绿色。触角长丝状，眼金黄色或铜色，复眼有金属光泽。翅阔，透明，前后翅相似，有网状脉。

生活习性｜常飞翔于草木间。

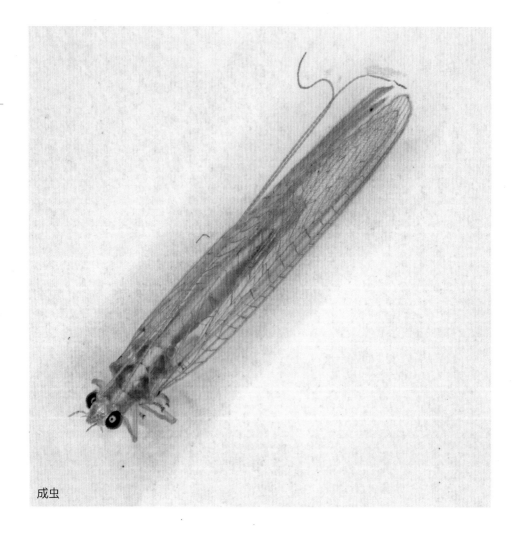

成虫

黄脊蝶角蛉

拉丁学名：*Ascalohybris subjacens*

分类地位：脉翅目 Neuroptera 蝶角蛉科 Ascalaphidae 脊蝶角蛉属 *Ascalohybris*

捕食习性：成虫、幼虫均具有捕食性，可捕食双翅目、膜翅目、鞘翅目、鳞翅目、缨翅目昆虫及螨类，但不捕食蚜虫、蜜蜂。

分布地区：广东、广西、云南、福建、浙江、江苏、湖北、湖南、四川、海南、安徽、台湾。

形态特征 | **成虫**：体长31.0～34.0毫米，前翅长35.0～40.0毫米，后翅长34.0～36.0毫米。触角褐色，几乎等于体长，棒状，光裸；柄节膨大，具黑色和浅黄色长毛；基部黄褐色，端部深褐色。复眼褐色，具黑色小斑。胸背面黑褐色，中央具有1条黄色宽带，腹面褐色，具浅黄色长毛。中胸侧板褐色，具1条黄色斜带。翅透明，前后翅形状、长度几乎相同，中部明显加宽，端部较尖，翅痣大，在端区明显加宽，下室短。前翅基部有明显缺刻，并且缺刻后稍有膨大；翅脉密集。翅基黄色，翅膜浅茶褐色。腹部黑褐色，背板中央每节均有黄褐色大斑，节后缘有黄边，与胸部黄带连接形成1条黄脊，雄虫黄脊颜色较雌虫暗，呈黄褐色。足红褐色，跗节具黑色短刺。

卵：近圆球形，卵面平滑，有2个孔。

幼虫：头部有显著的后头叶，上颚具3齿。幼虫体粗壮。头大，上颚长而弯曲，内缘有齿。腹部的背面和侧面有瘤突，上生棘毛。

生活习性 | 以其他昆虫为食。当受到干扰时，一些蝶角蛉会释放出一种气味强烈的类似麝香的化学物质震慑敌人。白天成虫栖息在植物的茎和嫩枝上，身体、腿和触角压在枝叶上。雌虫在嫩枝上或者石头下产卵。幼虫趴在地上或植被上，虫体上覆盖杂物，等待猎物。它们在枯枝落叶或土壤里化蛹，形状类似蚕茧。

207

成虫（1）

成虫（2）

斧螳

拉丁学名： *Hierodula* sp.

别　名： 螳螂、刀螂

分类地位： 螳螂目 Mantedea 螳螂科 Mantidae 斧螳属 *Hierodula*

捕食习性： 螳螂为陆栖肉食性昆虫，若虫、成虫均为肉食性。初孵若虫捕食蚜虫、蚂蚁等，成虫可捕食蝇类、蚁类、蝗虫、蛾类、蝶类的卵、幼虫、裸露的蛹、成虫，如松毛虫、松大蚜、松干蚧等昆虫。

分布地区： 广布于世界各地，种类以热带地区最为丰富。

形态特征｜成虫： 狭长，虫体细长呈绿色或棕褐色，头三角形，活动自如，能旋转80°。复眼大而突出，单眼3个。触角长，丝状。口器咀嚼式。前胸极长，中胸短宽，前足为典型的捕捉足，中、后足为步行足，胫节可折嵌于腿节的槽内，状如铡刀，腿节及胫节细长，基节发达，跗节5节。

成虫（1）

背板中央有1条隆起的纵线，前翅为角质，后翅为膜质透明，臀区大。雄虫第9腹节有外露的腹刺1对，雌虫腹部肥大。尾须1对。

卵： 深黄色，长圆形，包被于卵鞘的卵室中。卵鞘为帽形，似海绵状胶质物；卵鞘背面的中央具有1行孵化区，由鱼鳞状的活瓣组成，与各卵室相通。若虫孵化时从活瓣间爬出。

若虫： 初孵若虫头部、胸部淡绿色，腹部末端淡黄色，后期逐渐变为淡褐色。经过7～8次蜕皮后，变为成虫。

生活习性｜ 螳螂属于渐变态昆虫。若虫经8～9龄发育为成虫，以卵越冬，雌虫选择在树木枝干或墙壁、篱笆、石块上、石缝中产卵。初产的卵鞘为白色或乳白色，较柔软，经5～10小时后即变为土黄色或黄褐色，也有的变为黑褐色。在鞘内经胚胎发育为若虫，羽化为成虫后经历10～15天就可进行交配，交配时间为2～4小时。若虫成活率低，且有自相蚕食的现象，成虫也具有自相蚕食的行为，尤其是在交配的过程中有"妻食夫"的现象。成虫活动的适宜温度为15～20℃，适宜相对湿度为60%～70%。一般喜在向阳树上栖息活动，早晨多在向东伸展的枝条上晒太阳，下午才转到树的西面活动，在较热的中午或阴雨天常隐蔽不动。

成虫（2）

若虫

蠼螋

拉丁学名：待鉴定

别　　名：狗蝎、桑狗、夹板子、剪指甲虫、夹板虫、剪刀虫、耳夹子虫

分类地位：革翅目 Dermaptera 球螋科 Forficulidae

捕食习性：可以捕食40多种小昆虫，如棉铃虫、红铃虫、斜纹夜蛾、棉小造桥虫、蚜虫、飞虱、蝗虫幼虫等。

分布地区：北京、湖北、河北、山东、山西、河南、陕西、江苏、安徽、西藏、新疆。

形态特征｜**成虫：**体长而扁平，体表呈棕色，略带黄色或金属色。头部扁阔，复眼，咀嚼式口器，触角较长呈多节。前胸游离，较大，近方形；后胸有后背板；腹板较宽，除少数种类外，多具翅。前翅变为革质覆翅，后翅较发达，膜质，扇形。尾须1对，坚硬呈铗状。足较短，跗节3节，具爪。基部几节背板两侧或有臭腺，能散发臭气。

若虫：4～5龄，形似成虫，唯尾铗细弱，呈尖钉状。蜕皮时变为白色，蜕皮后当天下午即可变为黑褐色。缺乏蛹期，为不完全变态的昆虫。

卵：椭圆形，白色。

生活习性｜蠼螋喜欢潮湿阴暗的环境，通常生活在树皮缝隙、枯朽腐木中或落叶堆下；喜欢在夜间活动，并有趋光飞行的习惯。为捕食性昆虫，多为杂食性或肉食性。雌成虫有育儿习性。

成虫和若虫